（日）前田寻之——著
周自恒——译

家用游戏机简史

家庭用ゲーム機興亡史

人民邮电出版社
北京

图书在版编目（CIP）数据

家用游戏机简史 /（日）前田寻之著；周自恒译.
-- 北京：人民邮电出版社，2015.6（2024.5 重印）
ISBN 978-7-115-39259-6

Ⅰ. ①家… Ⅱ. ①前… ②周… Ⅲ. ①游戏机—历史
Ⅳ. ①TS952.8-09

中国版本图书馆 CIP 数据核字（2015）第 111117 号

内 容 提 要

作者以时间为轴，重新厘清了30余年游戏主机的成长历程，梳理了游戏产业的发展脉络。从幕后开发、技术变革、游戏策略等多重角度，解读五次游戏机领域的交锋，记录游戏机背后不为人知的秘闻与趣事，分析行业兴衰成败的启示。

◆ 著　　　　（日）前田寻之
译　　　　周自恒
策划编辑　武晓宇
责任编辑　乐　馨
装帧设计　九　一
责任印制　杨林杰

◆ 人民邮电出版社出版发行　　北京市丰台区成寿寺路 11 号
邮编　100164　　电子邮件　315@ptpress.com.cn
网址　https://www.ptpress.com.cn
北京捷迅佳彩印刷有限公司印刷

◆ 开本：880×1230　1/32
印张：6.75　　　　2015 年 6 月第 1 版
字数：145 千字　　2024 年 5 月北京第 29 次印刷

著作权合同登记号　图字：01-2015-2555 号

定价：49.80 元

读者服务热线：(010)84084456-6009　印装质量热线：(010)81055316

反盗版热线：(010)81055315

广告经营许可证：京东市监广登字 20170147 号

版权声明

译者序

就在我提笔写这篇译者序的时候，刚好赶上任天堂召开了一场发布会，宣布任天堂与日本著名的手机游戏运营商 DeNA 以互换股份的方式结成战略同盟，这标志着任天堂的马里奥、塞尔达等招牌角色开始正式进军手游领域。同时，任天堂还宣布了一个名为 NX 的新项目，这将是一款“全新的游戏平台”，预计明年正式发布相关细节。从 NDS、3DS、Wii 这些主机就可以看出，任天堂一向喜欢不按套路出牌，不知道这个神秘的 NX 将会为玩家带来怎样的惊喜，又将会为近年来越来越不景气的游戏业界带来怎样的变革。

“任天堂”这个名字恐怕是绝大多数 80 后中国玩家与游戏结缘的起点，我自己也不例外。小学时，家里有了第一台游戏机——FC，虽然《超级马里奥》《魂斗罗》《赤色要塞》这些经典的游戏玩过不少，但无奈我的反射神经太烂，于是后来便开始迷上了角色扮演和策略模拟游戏。当时这样的游戏其实并不多，令我印象深刻的当属 FC 上的《七龙珠 Z》系列和《三国志 II 霸王的大陆》，以及后来 SFC 上的《三国志英杰传》和《第 4 次超级机器人大战》。讽刺的是，尽管称霸游戏行业多年，但其实任天堂至今也没能堂堂正正地进入中国市场。从早年风靡全国的 duangduang 山寨神机“小霸王”，到后来不惜放弃商标用借壳的方式登陆中国市场的“神游”系列，这里面的曲折和故事之多，恐怕又能写出一本书来。

说起这些游戏机厂商与中国市场之间的恩恩怨怨，我觉得本书的作者前田寻之先生一定也很感兴趣，因为和早已成熟的日本、欧美市场相比，中国游戏市场的状况在当时来说比较特殊。过去十几年来，各大游戏机厂商一直对着一片拥有强大消费潜力的市场垂涎欲滴，然而，2000 年颁布的《关于开展电子游戏经营场所专项治理的意见》（即俗称的“游戏机禁令”）却将他们挡在了门外。

俗话说得好，上有政策，下有对策。面对禁令，各大厂商自然也没闲着。2003 年，任天堂宣布在中国成立一家合资公司神游科技（iQue），放弃了 Nintendo 商标，打着合资品牌“神游”的旗号将自家的游戏机以“多媒体互动系统”的名义引进中国，于是便有了后来的神游（N64）、小神游（GBA）、iQue DS（NDS）等产品。2004 年，索尼则以“家庭电脑娱乐系统”的名义成功申报并引进了 PS2 游戏机，和任天堂的借壳法不同，索尼这一次算是堂堂正正地把 PS 品牌带入了中国市场。尽管任天堂和索尼用各自不同的方式进入了中国市场，但他们的尝试都算不上成功。PS2 的性能高，硬件成本也高，只靠卖主机显然是亏钱的，索尼要靠卖游戏和授权费的收入才能回本；而任天堂的主机设计比较重视性能和成本的平衡，因此哪怕只卖主机也能赚钱。结果，在文化审查、盗版游戏和水货主机的三重打击下，缺乏配套游戏的国行版 PS2 没过多久就惨淡收场；而神游尽管借助主机成本优势靠卖硬件勉强生存了下来，但如今也已日薄西山。

时光荏苒，峰回路转。2013 年 9 月，上海自贸区挂牌成立，而在自贸区的“负面清单”中，明确对注册在自贸区中的企业解除了

“游戏机禁令”。正当任天堂和索尼还没回过神来的时候，在中国已摸爬滚打多年的“老油条”微软突然杀了出来，与百视通合资抢注了上海自贸区的第一家进驻公司，可见微软对此密谋已久。2013 年 11 月，微软的新一代游戏机 Xbox One 在北美首发。借助在自贸区的迅速布局，2014 年 9 月，微软就将 Xbox One 引进了中国，几乎与日本同步发售。

被微软打了个措手不及之后，索尼也开始谋划将 PS4 和 PSV 游戏机引入中国市场。在一系列准备工作就绪之后，索尼宣布国行版 PS4 和 PSV 将于 2015 年 1 月 11 日上市，同时还将同步推出多款国行版游戏。然而，索尼似乎注定命运多舛，疑因受群众举报的影响，索尼突然宣布国行版主机延期发售，就在我写这篇译者序几天之前的 3 月 20 日，国行版 PS4 和 PSV 才刚刚与玩家见面。

眼看着索尼和微软火拼得不亦乐乎，任天堂这边看上去好像没什么动静。不过，让我们回到开头的那一幕：DeNA 获得了用任天堂版权形象开发手游的授权，同时还将帮助任天堂运营会员系统，而 DeNA 不仅在中国有成熟的开发团队，而且旗下游戏社区梦宝谷（mobage）也已经在中国运营多年，这不禁让人感到机智的任天堂这回说不定又找到了一条进军中国市场的捷径。此外，任天堂总裁岩田聪曾宣布要面向中国等新兴国家市场推出一款“价格亲民”的新款游戏机，这会不会就是“NX”的真相呢？

啰啰嗦嗦写了这么多，我只是想为作者所描绘的 30 年波澜壮阔的家用游戏机兴亡史添上一笔小小的花絮而已。作为一位勉强还算资深的游戏玩家，这本书真是看得我大呼过瘾，完全停不下来。常言道："以史为镜，可以知兴替"，回过头来看看游戏机的这段历史，我们可以看到很多伟大的革新，这些革新不仅是技术上的，更是思想上的。如今，曾经无比辉煌的家用游戏机正在电脑、平板和智能手机的夹缝中艰难地挣扎，到底未来路在何方，就让我们拭目以待吧。

最后，我想谨以此书献给我可爱的儿子。由于他与索尼 PSV 掌机同年同月同日诞生，因此我给他取了个英文名叫"Vita"，我手上的日版第一代 PSV 也会留给他做纪念，希望游戏也能为他们这一代的成长带来快乐和感动，生生不息，相伴永远。

周自恒

2015 年 3 月于上海

●本书中所涉及的游戏机、游戏软件以及其他相关产品的名称已省略 TM、©、® 等标记，其著作权归各公司所有，相应名称均为各公司的商标或注册商标。

●一部分公司及产品名称的写法可能不完全准确，这是为了提高作品的可读性，而并非为故意引起误解而为之。

●本书中所涉及的价格原则上为不含消费税的价格，但也有一部分产品的价格按照当时的写法标为含税价格。

●本书中所涉及的销量原则上是以各厂商公布的数据为准，但由于各厂商之间对销量的计算方法不同，有可能无法进行准确的横向比较。

前言

自 Family Computer 于 1983 年上市起至今的 30 多年中，各大厂商相继推出了各种家用游戏机产品，并一代又一代地推陈出新。诚然，如果要详细讲述游戏的历史，那恐怕还得再往前追溯十几年。正是由于吸取了之前 Atari 的成功经验和失败教训，Famicom[①] 在诞生之后才能获得如此的成功，可以说，Famicom 的诞生也是站在了巨人的肩膀上。

如今的游戏市场规模已经高达 1.9 万亿日元，这一庞大的市场，再加上媒体、流通渠道等相关产业，这一切的原点都可以追溯到 Famicom 时代。可以说，Famicom 不仅仅是一台单纯的“游戏机”，更催生出了一整个“游戏产业”。一直以来，各大游戏机厂商的奋斗目标并不是超越雅达利，而是超越任天堂和它的 Famicom。

曾经称霸一时的那些游戏机，它们之所以能够畅销不衰，其中必有一番道理。然而在战争中败下阵来的那些游戏机，它们的厂商也不傻，不可能明知会输还硬要以卵击石。尽管在获胜的条件上，这些厂商之间存在一定的差异，但它们谁都不是省油的灯，没有一定的战略和胜算是不会推出自己的产品的。当然，但凡战事终要分胜败，可胜者何以胜，败者又何以败呢？正是这一质朴的疑问，才使我萌生了写这本书的想法。

---

① 即前文中的 Family Computer，中文一般俗称“红白机”甚至是“任天堂”。（本书所有脚注均为译者注）

本书的主旨是站在30年后的当下，梳理纷繁复杂的游戏史，希望能够借此发现各厂商在推出各自家用游戏机产品的当时所不为人知的一些思忖。

通过调查，我们不难发现一些左右胜败的原因。至于那些具体的故事，在本书的正文中会为大家详细讲述，但总体来看，除了像Dreamcast等极少数特例之外，绝大多数产品的失败都是由于营销失误造成的。这一点并不是游戏机所特有的，而是很多行业所共有的特点。在开发产品时，准确定位用户群是非常重要的，例如可以先想象用户使用该产品时的场景，是放在儿童房还是客厅，然后再定位出会玩这些游戏的人群。

在这一点上，任天堂的定位基本上是“全家一起玩”和“在客厅里玩”，这一设计思想在任天堂的游戏机产品上也得到了充分的体现。当然，产品的定位也可以是重度玩家，那么在这样的理念下设计出来的产品就会更偏向重度玩家的需求，但也同时意味着难以进入一个更加大众化的市场。各位读者如果能够通过阅读本书了解各厂商的理念和思路，就一定能够发现一些在当时无法察觉的左右胜败的原因。

本书的目的是传达一些一般性的信息，在写作时为了尽量避免使用专业术语，对一些概念使用了比较容易理解的俗称。本书不是介绍硬件技术的书，且这方面的技术书籍已经有很多，因此本书在写作时尽量避免描述如性能、规格之类的信息。

在信息的准确性方面，本书已经在力所能及的范围内做了最大的努力，然而其中很多内容毕竟是基于笔者个人的经验和见闻而来，这些内容如果换个角度来看，也许未必就是事实真相，这一点还请各位读者多多包涵。当然我也更希望大家能够指出这些值得商榷的地方，以帮助本书成为一本更加全面真实的游戏史著作。

在本书长期写作过程中，得到了很多朋友的帮助，特别是互联网的普及使得一些很久没有联系过的朋友也有机会为本书提供了宝贵的信息。在此，谨以本书对信息技术的进步，以及由此为本书添砖加瓦的各位表示衷心的感谢。

目录

第1章

群雄割据的前Famicom时代

Atari VCS与Atari Shock

1977–1983

《网球》游戏才是家用游戏机的鼻祖

谈到家用游戏机的历史，其实应该追溯到40多年之前。当时，世界上资历最老的电视游戏厂商雅达利（Atari），基于其街机（不是在家里玩的，而是安装在游戏厅里的商用游戏机）游戏*PONG*，推出了一款家用游戏机版本的*HOME-PONG*（1975年）。这是一款两人对打的网球游戏，内容其实非常简单，就是在一个纯黑的背景上用白色的长方形来表示球拍和球。

然而，对于当时的人们来说，能够自己来操纵电视画面中的东西，还能跟别人对打，这实在是一种新奇的娱乐方式。由于人们的喜爱，当时几家厂商开始陆续推出各种类似的网球游戏和打方块游戏。在这些厂商中，就有一家京都玩具厂商的身影，它就是日后引领世界游戏市场的巨头——任天堂。

当时的家用游戏机中都只能内置一个游戏，并没有更换软件的概念。任天堂也推出过一些像TV-Game 6、TV-Game 15这样可以在一台游戏机上玩多种游戏的产品，但实际上它里面并不是内置了多个游戏软件，只是通过开关切换电路的接法来产生一些非常有限的变化而已。比如说，TV-Game 15上标明可以玩《网球》《排球》《曲棍球》《乒乓球》《射击》等游戏，但其实这些游戏的画面几乎是完全一样的，感觉更像是在玩“大家来找茬”。而且，这几种所谓不同的游戏居然还有类似“A/B”“单打 / 双打”等不同版本，把这些全部加起来就算是“总共15种游戏”了，我真想说：“不带这么坑爹的吧！”当然，这么干的也不止任天堂一家，Epoch、万代、Tomy 等公司也不例外，像当时这种把游戏直接烧进电路的游戏机，形式都大同小异。

世界上第一款家用游戏机 HOME-PONG。画面非常简单，只有貌似球拍和球的一些长方形以及数字比分

简而言之，在那个时代还没有硬件和软件相互独立的概念。在当时的设计思想下，如果要换一个游戏玩，就必须为每个游戏设计不同的电路，难度可想而知。今天，“游戏机”和“游戏软件”已经成为两种相互独立的产品，这样的局面，其实是到装有可编程“微处理器”的游戏机问世之后才确立的。

Atari VCS 的问世与软件厂商的诞生

前面我们讲到，在诺兰·布什内尔[1]率领下的雅达利推出了一炮走红的 PONG，但雅达利的真正目标是开发一款装有微处理器的，

① Nolan Bushnell，1943—。

能够更换游戏软件的游戏机。这款游戏机最终于 1977 年问世，命名为 Atari VCS（Video Computer System），但实际上，Fairchild[①] 早在一年前就已经推出了一款名为 Channel F 的功能相似的产品。即便如此，Atari VCS 还是在历史上留下了浓墨重彩的一笔，因为它不仅是一台能玩多个游戏的游戏机，而且是一款为游戏产业带来根本性巨大变革的产品。

VCS 的全球销量达到 1700 万台，这款游戏机为世界带来了巨大的影响，成为了将来游戏软件产业的基础

游戏机能够更换软件，就意味着作为硬件的游戏机本身，和作为软件的游戏实现了分离。在此之前，要制作一款游戏，光有创意和构思还不够，还必须具备硬件知识才行。但随着硬件和软件两个概念的分离，制作一款好玩的游戏就不再依赖硬件方面的技能了。换

① 尽管 Fairchild 公司的正式中文名称为“飞兆半导体”，但人们往往更熟悉“仙童”这个名字。

句话说，硬件厂商可以专注于产品的设计和开发，不必考虑“游戏是不是好玩”；而软件厂商则不必依赖电路设计等技术，可以完全专注于软件的开发。在这样的潮流中，开始诞生了一批专门从事游戏软件开发的软件厂商，包括由前雅达利技术人员创办的 Activision①，以及 Brøderbund、Electronic Arts② 等当今著名的软件厂商，都是从那个时候开始起家的。

在可换软件的家用游戏机上，当时一般采用一种称为“ROM 卡带”（以下简称卡带）的带塑料外壳的半导体器件作为游戏软件的媒体。现在很多便携式游戏机上依然在使用卡带，Famicom 的游戏卡也属于这一种，当时 Atari VCS 所采用的软件媒体也正是这种卡带。

可换软件式游戏机的最大好处不言而喻——游戏软件可以单独销售，而且可以无限追加下去。除此之外，还有下面这些好处。

① 游戏机的价格可以更便宜

以 Epoch 的 Cassette Vision 为代表的一些游戏机，通过将 CPU 等主要电路转移到卡带中，使得主机的价格变得非常便宜。当然，这样等于是把成本转嫁到了软件上，但在价格战中，主机能卖得便宜的确是一把有力的武器。

② 能够追随最新的流行趋势

可换软件式游戏机的另一大强项是能够灵活应对时代和流行趋势的变化。例如，对于一款只能玩打方块的专用游戏机来说，即便厂商注意到现在开始流行《超级马里奥》了，也不可能在专用机上

---

① 中文一般称为“动视”。

② 一般简称 EA，中文名称为“艺电”。

去追赶这样的新潮流。

③ 游戏机的性能可以扩展

一款游戏机的性能必然会逐渐落后于时代的发展，而 Famicom 之所以能够长期压倒性地占领市场，是因为它能够通过 Family BASIC、Disk System、大容量卡带等周边设备对主机的性能进行扩展。

在 Atari VCS 问世之后，第三方厂商推出了多款颇具实力的游戏软件，很多人都是冲着喜欢的游戏才去购买 VCS 的。反过来说，VCS 硬件的普及又带来了更多的游戏销量，从而形成了一个良性循环。录像带领域曾有过 VHS 与 Betamax 之争，近年来我们也经历过 SD 卡与 Memory Stick 之争，像这样的规格和标准竞争中，只要其中一方获得了较多的用户，就会有更多的厂商和用户投奔而来，反过来又进一步推动了自身标准的普及，从而一举击败竞争对手（另一方面，用户较少的硬件则会失去软件的支持，反过来阻碍了硬件的销售，陷入恶性循环）。

Atari VCS 在上市之初也并非一帆风顺。1980 年，随着《小蜜蜂》[①]《吃豆人》[②]《终极战区》[③] 等一批著名街机游戏的相继移植，才带动了 VCS 的人气蹿升。以“在家里就可以玩到《小蜜蜂》和《吃豆人》！”为卖点，VCS 成功地实现了大跃进，一举成为了家用游戏机的代名词。1982 年，VCS 的市场份额达到了 67%，雅达利的产品也在当时的销量排行榜上包揽了前 4 名的位置，大家应该不难想象

① 原名 *Space Invaders*，开发厂商为大东（Taito）。

② 原名 *Pac-Man*，开发厂商为南梦宫（Namco）。

③ 原名 *Battlezone*，开发厂商为雅达利。

VCS 当时是何等的大红大紫。在硬件如此普及的情况下，软件厂商自然也开始积极开发 Atari VCS 的配套游戏。上市 5 年后，VCS 硬件的销量就突破了 1000 万台，一个巨大的市场正在悄然形成。

不断涌向日本的外国游戏机

伴随着 Atari VCS 的巨大成功，各厂商纷纷在美国推出了多款家用游戏机，不过这些产品在日本上市已经是 1982 之后的事了。由于发售时间较晚，再加上 1983 年任天堂就推出了 Family Computer，于是这些产品大多都落了个出师未捷身先死的下场，不得不早早退市。下面我们来简单介绍一下这些曾在日本市场上露过面的产品。

Atari 2800（雅达利，1983 年 5 月发售，24000 日元）

这是 Atari VCS（准确来说应该是 Atari 2600）面向日本市场推出的型号，产品本质上和 1977 年发售的北美原版是相同的，但上市两个月后任天堂就推出了 Famicom，由于性能差距太大无法与之竞争，不到一年就被迫退市了。该机型的配套游戏有 31 款，无一例外都是直接把美国版拿过来卖的。

此外，北美原版的 Atari 2600 在更早的时候就已经由两家公司分别直接引进发售，分别命名为“Video Computer System”（东洋物产，1977 年 12 月，94800 日元）和“Cassette TV Game”（Epoch，1979 年 10 月，47300 日元）。

Intellivision（万代，1982 年 7 月发售，49800 日元）

这是由以芭比娃娃闻名的 Mattel 推出的一款游戏机，由万代

（Bandai）引进到日本销售。这款游戏机在美国的销量达到了 300 万台，成绩仅次于 Atari VCS，但在日本则由于价格太贵而销量惨淡。

Arcadia（万代，1983 年 3 月发售，19800 日元）

这是一款在世界各国出现过多种兼容机型的游戏机，除了万代之外，还有其他几家公司以“DynaVision”（朝日通商）等名称在日本同时销售，配套游戏有 51 款。

CreatiVision（Cheryco，1982 年 10 月发售，54800 日元）

这是由中国香港 VTech 公司推出的一款家用游戏机，该产品的宣传卖点在于插上 BASIC 卡带就可以变成一台电脑，走的是家用学习机的路线。

光速船（万代，1983 年 7 月发售，54800 日元）

这款产品是美国 GCE 公司推出的“Vectrex”的日本版，由万代引进销售。它是史上唯一一款采用“画线”而非“画点”的方式来显示图像的游戏机（有点像在夜空中进行投影的那种激光表演的感觉），也许正因为它是独一无二的，现在全世界依然有很多它的粉丝。

粗制滥造引发 Atari Shock

Atari Shock 这个说法，指的是从 1982 年末到 1985 年之间，在美国发生的家用游戏机市场大萧条事件，这一事件在美国当地被称为 Video Game Crash，本书中使用的 Atari Shock 一词其实是在日本比较普遍的说法。不过需要提醒大家注意的是，Atari Shock 可不仅

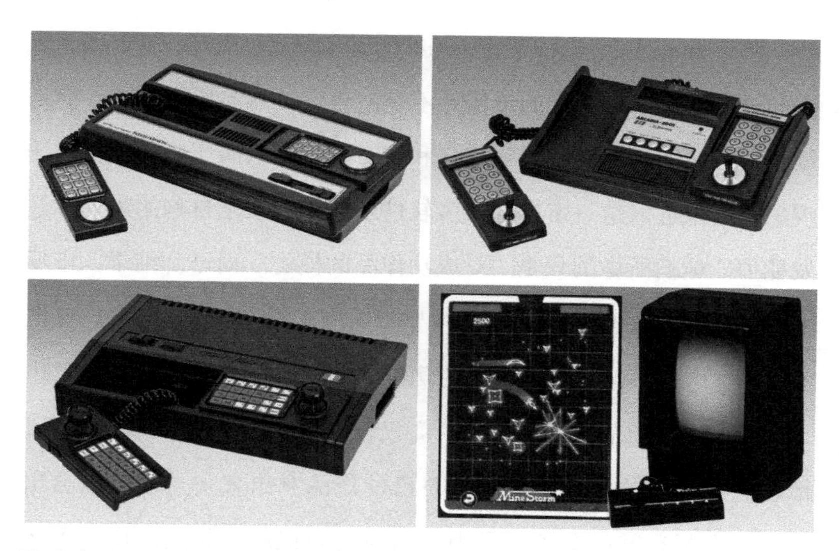

除雅达利之外的其他一些游戏机（左上：Intellivision，右上：Arcadia，左下：CreatiVision，右下：光速船）

仅是雅达利一家的事，而是一件波及整个美国家用游戏机市场的大事。曾经依靠PONG创造了街机市场，又在家用游戏机市场确立过代名词般霸主地位的雅达利，它的名字却被钉在了这段历史的耻辱柱上。这一事件在家用游戏机的历史上是无法回避的，而且对于日本国内游戏机战争史也具有重要的意义，因此在介绍Famicom的诞生之前，让我们先来简单回顾一下这一重要的历史事件。

尽管Atari VCS创造了前所未有的家用游戏机市场，并取得了巨大的成功，但这一庞大的市场并不是由稳定的需求所支撑的，而是因为游戏机的疯狂销售导致用户和厂商盲目跟风而形成的一种泡沫现象。后来进入这一市场的很多软件厂商大多缺乏自购的策划和开发能力，他们所做的只是“对成功作品的模仿”而已。结果，市场上出现了一大批抄袭《吃豆人》《导弹指挥官》[①]，毫无独创性，甚至都不能称之为原创作品的廉价盗版游戏。

更为严重的是，还有一些厂商仅仅是对其他原创游戏的角色、标题进行简单的替换，就当成自己的产品拿出来卖。之所以会出现这种盗版猖獗的乱象，是因为当时的知识产权相关法律还不像现在这样健全，而且针对一款原创游戏，会出现数十款盗版游戏，这样的情况下原创游戏厂商即便想采取措施也是心有余而力不足。

由于没有对粗制滥造横行且过度膨胀的市场采取有效措施，在

① 原名*Missile Command*，开发厂商为雅达利。

1982 年的圣诞购物季中，根据同名电影改编的游戏*E.T.*[①] 共生产了 400 万套，却剩下 250 万套卖不掉，这一事件甚至引发了雅达利母公司华纳（Warner Communications）的股价暴跌。以此为导火索，各零售店开始纷纷低价抛售大量积压的 VCS 游戏软件，原本定价 30 美元的游戏甚至可以卖到 2～5 美元。这一事件引发了连锁反应，软件厂商纷纷倒闭，雅达利自身也陷入了被变卖、分割的境地。此外，据说有很多零售店至今仍有一大堆 Atari VCS 的游戏软件躺在它们的仓库里。

在这一连串事件的影响下，相传卖不掉的*E.T.*游戏装满了 14 辆卡车，被拉到新墨西哥州阿拉莫戈多市（Alamogordo）掩埋在当地的沙漠之中，据说当时的纽约时报也报道过此事。

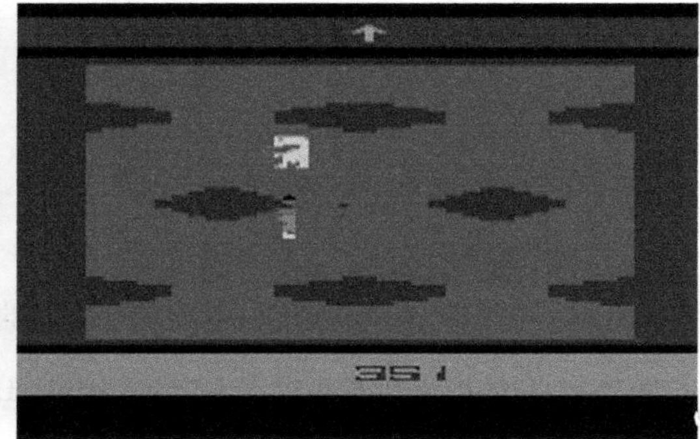

图为*E.T.*。画面中间上方的白色物体就是玩家操纵的 *E.T.*。尽管这款游戏的评价非常烂，却依然卖掉了 150 万套

① 这里所说的“同名电影”是著名导演史蒂芬·斯皮尔伯格（Steven Spielberg，1946—）的一部经典的科幻作品，1982 年在美国上映，创下了当时史上最高的 3 亿美元票房纪录，并一直保持了 10 年。

关于 Atari Shock 有很多不同的见解，有的观点认为这根本就不是什么北美游戏市场的崩盘。Atari VCS 的销售成绩在 1982、1983 两年中表现过好，因此很多人认为这只是一种暂时性的泡沫。不过，在当时还没有对游戏内容进行事先宣传的广告活动，消费者只能靠包装盒来想象游戏的内容。此外，当时也没有专门的游戏媒体和刊物，实际上尚未形成一个真正的“游戏市场”。在这种原始的市场中，流通渠道和厂商的不成熟导致了“暂时性泡沫的破裂”，这也许就是 Atari Shock 的真相吧。

在当时的日本市场上，无论是 Atari VCS 还是其他公司的游戏机都没有形成大的气候，因此并没有受到 Atari Shock 的波及。不过话说回来，在 Famicom 问世之前，日本也没有专门的游戏刊物，大家对国外发生的这些情况几乎一无所知，实际上在日本国内知道 Atari Shock 这一事件的人本来就不多。

当时的电脑就是个游戏机

1980 年至 1985 年间，市场上出现了大量的“学习机”[1] 产品。自苹果公司推出世界上第一台个人电脑 Apple II（1977 年）以来，许多厂商也相继推出了自己的个人电脑产品，但这些产品的价格高达 15 万～20 万日元，而且程序必须由用户自己来编写，虽然当时出现了类似“个人电脑浪潮”这样的流行语，但这股浪潮还是没能跳出

[1] 原文为 hobby personal computer，由于同一时期在中国也出现了类似的产品，这类产品当时一般被称为“学习机”，因此在这里使用了这一译法。

重度用户这个小众圈子。

当时，有一本书成了孩子们手上的宝贝，它就是以《电子神童》[①]而成名的漫画家菅谷充[②]的另一部作品——《电脑你好》[③]。《电子神童》可以算是游戏漫画的先锋作品，其中讲到了当时很火的《小蜜蜂》等真实存在的游戏。而《电脑你好》则依然延续《电子神童》中的主人公，通俗易懂地介绍电脑和编程的基础知识，这本书宣称："只要有电脑，你自己也可以制作游戏！"

在这本书的影响下，很多孩子开始一边翻着《电脑你好》，一边借用电脑店或百货商场里摆放的电脑来学习编程。相比游戏本身而言，这些孩子们更加享受自己编写程序所带来的乐趣，而"学习机"这类商品也正是瞄准这样的孩子们而推出的。

这种学习机不需要专用显示器，只要连接普通的家用电视机就可以工作，而且 3 万～5 万日元的价格也不算太贵，再加上孩子们用"这是用来学习的"这一理由对家长施加软磨硬泡的攻势，这种产品也就自然不愁卖了。但实际上，这种学习机的性能比一般的玩具也强不了多少，跟真正的电脑有着天壤之别，不过买学习机的孩子们其实真正想要的只是一台游戏机而已，从结果上来看算是歪打正着了。正是因此，学习机产品大多由玩具厂商推出，而且其中大部分产品都宣称只要插入卡带就能玩游戏，类似的市场在日本国外

---

① 原名"ゲームセンターあらし"（Game Center Arashi），1982 年被改编为电视动画。中文名"电子神童"引自维基百科。

② 1950—，日本小说家、漫画家，其笔名的标准写法为片假名的"すがやみつる"（Mitsuru Sugaya）。

③ 原名"こんにちはマイコン"（Konnichiwa My-Com），中文名为译者所译。

也发展起来。或许正是由于 Atari Shock 让零售店对家用游戏机失去了信心，才让学习机这种换汤不换药的新产品有了市场。

和专门的游戏机相比，学习机配套的游戏数量更少，而且内容大多比较“水”；但由于用户可以自己制作游戏，一定程度上缓解了游戏数量少的问题，事实上也降低了厂商的进入门槛。在一部分热心用户的支持下，有一些机型一直维持着稳定的软件供给，并因此得到了一定程度的普及。下面我们来介绍一些具有代表性的学习机产品。

Pyuuta①（Tomy（现：Takara Tomy），1982 年 8 月发售，59800 日元）

Pyuuta 内置了一种特殊的计算机语言 G-BASIC，其最大的特点是能够使用一些类似“前进”、“转弯”这种简单的日语单词来编写程序。然而，当时的孩子们已经在其他机型上用惯了基于英语的 BASIC 语言，G-BASIC 反而对程序的相互移植造成了障碍，因此孩子们似乎都不太买账。

与其配套的游戏数量还算比较多，随后又推出了去掉键盘强化了游戏功能的“Pyuuta Jr.”。

M5（Sord，1984 年 7 月，59800 日元）

这是一款通过家电渠道发售的学习机产品，同时 Takara（现：Takara Tomy）以“Game M5”的名义通过玩具渠道销售相同的产品，两个渠道加起来总共卖出了 10 万多台，也算是不错的成绩。由于价格相对便宜，而且能够比较容易地编写出游戏程序，因此在

① 原名写作“ぴゅう太”，取自“computer”中“puter”的谐音，在日本国外的商品名为“Tutor”。

MSX 问世之前一直备受用户的支持。

RX-78GUNDAM（万代，1984 年 7 月，59800 日元）

这款学习机的特点很鲜明，不但直接用电视动画《机动战士敢达》[①] 中敢达的型号作为产品的名称，而且由于是万代推出的产品，像奥特曼、敢达之类的带有版权的游戏作品 [②] 就自然而然地出现在了这款产品上面。除游戏之外，在这款产品上还推出了一些如教育、文字处理等其他类型的软件，但由于和竞争对手相比在性能方面较弱，因此销量也不太给力。

SC-3000（世嘉，1983 年 7 月 15 日，29800 日元）

没想到吧，SEGA Enterprises（现：世嘉）推出的第一款家用产品居然是台学习机。其实，世嘉还同时推出了一款游戏专用机 SG-1000，在和纯粹为游戏而生的 Famicom 的较量中，两款产品都败下阵来，后来世嘉便放弃了学习机路线，开始专心开发游戏机了。

MSX（松下电器产业等，1983—）

MSX 并不是特指某一种产品，而是由微软和 ASCII（现：角川 ASCII Media Works）所倡导的一种通用标准的名称。全世界有超过 20 家企业加入了 MSX 标准，各厂商也相继推出了各种符合 MSX 标准的电脑产品。在本节介绍的产品中，MSX 是活得最久的，相关软硬件产品的供应持续了将近 10 年，到现在还有很多 MSX 的粉丝，甚至依然有人在开发 MSX 的软件。

---

① 尽管“高达”这个名称更为人们所熟知，但出于商标所有权等原因，目前 Gundam 的正式中文译名为“敢达”。

② 奥特曼、机动战士敢达的著作权分别属于圆谷和 Sunrise，万代拥有这两部作品的玩具等商品化权利。

当时的各种学习机广告（左上：Pyuuta，中上：M5，右上：SC-3000，左下：RX-78，右下：索尼推出的 MSX HiTBiT）

第2章

引发社会现象的Famicom

Famicom vs SEGA MarkIII

1983-1988

Famicom：以性价比取胜的经典之作

下面要介绍的这款产品可谓天下无人不知无人不晓，它就是将任天堂推向世界企业地位的超人气家用游戏机——Family Computer（通称 Famicom，以下简称 FC）。FC 于 1983 年 7 月 15 日发售，全球累计销量高达 6191 万台，这一成绩已经将 Atari VCS 远远甩出几条街。FC 的火爆引发了一股席卷整个社会的热潮，它的名字几乎家喻户晓，以至于有人误以为 FC 就等于游戏机甚至游戏。然而鲜为人知的是，FC 问世的过程也是经历了一番坎坷曲折。

尽管任天堂曾经推出过一款名叫“TV-Game 15”的游戏机，销量还算不错，不过在 FC 开发伊始的 1981 年，任天堂已经推出了一款名叫“Game&Watch”的便携式游戏机；而且这款产品已然成功引发了一次社会热潮，再加上当时其他一些公司也已经推出了很多种家用游戏机产品，市场竞争十分激烈。在这样的局面下，任天堂内部有很多人认为，没有必要舍弃便携式游戏机的优势而花大力气去开发家用游戏机。

结果，时任任天堂总裁的山内溥[①]一声令下：“我们需要超越 Game&Watch 的新产品！”FC 的开发计划随即一锤定音。不过，尽管有了总裁的全力支持，但任天堂毕竟没有开发可换软件式游戏机的经验，而且也错过了先发制人的时机，于是任天堂制定了下面两条开发理念。

① Hiroshi Yamauchi，1927—2013。

FC 的外观很有特点，胭脂红加白的配色让人眼前一亮。图中下方的设备是 Disk System

① 将产品本身的零售价格控制在 1 万日元以下

② 力争在发售后 3 年内没有竞争对手

为了满足第②条理念，任天堂还制定了明确的开发目标。

③ 这款游戏机上要能够直接玩街机游戏《大金刚》[①]

当时街机版的《大金刚》是由许多集成电路芯片所构成，要在一块芯片上运行这样的游戏，意味着任天堂必须实现价格和性能的双赢。值得庆幸的是，当时与任天堂合作开发的理光（Ricoh）公司有很多年轻的技术人员，他们都非常喜欢玩游戏，“能在家里玩上《大金刚》”成了这些技术人员攻克难关的一大动力。结果，《大金刚》被成功移植到两块芯片上，尽管算不上“完美移植”，但其移植质量之高，已经远远超越了以往所有家用游戏机上的移植作品。在价格方面，尽管任天堂最终还是没能实现当初“1 万日元以下”的目标，但 14800 日元的发售价格也已经比其他公司的产品便宜很多。在确定价格的过程中，开发团队在成本和质量的平衡上进行了一番艰难的取舍。例如降低显示颜色数，调整内存容量等，其中后来以“马里奥”和“塞尔达”[②]闻名于世的宫本茂[③]对此可谓是功不可没。

---

① 原名 *Donkey Kong*，开发厂商为任天堂。

② 指以《超级马里奥》（*Super Mario*）和《塞尔达传说》（*The Legend of Zelda*）为代表的一系列作品，这两个系列都是由宫本茂带领开发的。

③ Shigeru Miyamoto，1952—。

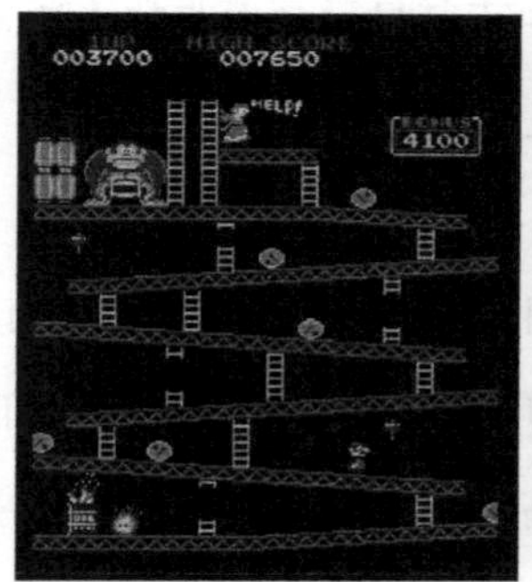

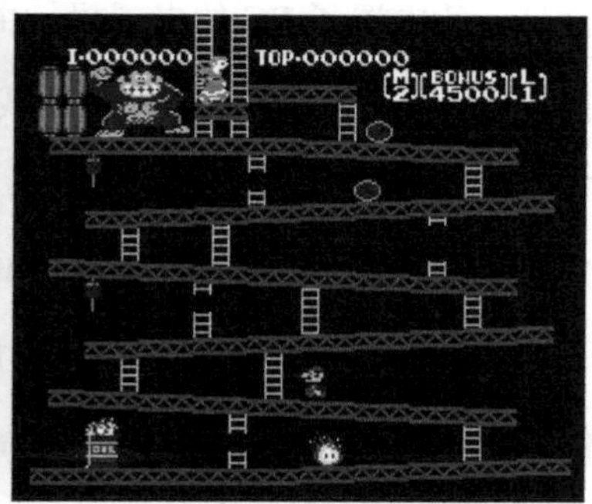

《大金刚》的对比图（左：街机版，右：FC 版）。尽管画面从纵向变成了横向，但可以看出其还原程度确实非常高

FC 还有一些兼容机和廉价版机型，此外，在以亚洲为中心的日本国外市场上，还出现了很多未经任天堂授权的盗版 FC 机型[1]，下面我们仅介绍一些经过任天堂正式授权的兼容机。这些兼容机中，除了任天堂自己发售的机型以外，其他机型都是由 FC 的生产合作方夏普（Sharp）发售的。

New Famicom（任天堂，1993 年 12 月 1 日发售，含税价 7000 日元）

这款廉价版机型与原版 FC 机型功能完全相同，原版机型的所有周边设备都可以直接使用。这款产品有一个别名叫做“AV 版 FC”，因为它可以通过 AV 视频接口连接电视机输出图像。

My Computer TV C1（夏普，1983 年 10 月发售，19 英寸型号 145000 日元，14 英寸型号 93000 日元）

① 80 后一代玩家非常熟悉的“小霸王学习机”就属于这种未经任天堂授权的盗版 FC 仿制品。

这是一款内置了FC的电视机，由于其显示画面非常清晰亮丽，因此被当时很多FC杂志用来拍摄游戏画面。

Twin Famicom（夏普，1986年7月1日发售，32000日元）

这是一款将FC和Disk System组合而成的兼容机，它配有当时正逐步普及的AV视频接口，而且在广告中起用了当时孩子们非常喜爱的高桥名人[1]，可谓是知名度最高的一款兼容机。

Famicom Titler（夏普，1989年2月发售，43000日元）

这款FC兼容机还有一个别名叫作“编辑Famicom”，它配有比AV视频接口画质更好的S视频接口，可以在视频影像上叠加文字和图像，还可以通过控制手柄上的麦克风来录制旁白。

各种FC兼容机（左上：New Famicom，右上：My Computer TV C1，左下：Twin Famicom，右下：Famicom Titler）

① 原名高桥利幸（Toshiyuki Takahashi，1959—），曾就职于游戏软件厂商Hudson的宣传部门，由于参与过很多游戏方面的宣传活动，深受孩子们的喜爱。后来Hudson以他的形象为原型，推出了一款名为“高桥名人冒险岛”的游戏，这款游戏在中国也非常有名。

SEGA MarkIII：为猎杀 FC 而生的世嘉之刺客

SEGA MarkIII 是世嘉推出的一款家用游戏机，发售于 FC 上市两年后的 1985 年 10 月 20 日。不知道是凑巧还是不凑巧，世嘉曾经在 FC 上市的当天同时推出了 SC-3000 和 SG-1000 两款产品，但它们都毫无悬念地败给了性价比之王 FC。为了报这一箭之仇，世嘉开发这款新产品的目标就是"性能上全面超越 FC"。15000 日元的零售价格，以及和 FC 仿佛一个模子刻出来的控制手柄，世嘉对 FC 强烈的敌对意识昭然若揭。

值得一提的是，世嘉在实现超越 FC 图形性能的同时，还保留了与 SC-3000 系列在软件和周边设备上的向下兼容性，这样可以依靠过去的资产缓解刚刚发售时游戏软件匮乏的问题，可谓是非常高明的一招。此外，世嘉还充分利用其在街机游戏领域中的品牌力，相继推出了《幻想地带》[①]《太空哈利》[②]《冲破火网》[③] 等人气街机游戏的移植版，让粉丝们大呼过瘾。但从另一个角度来看，MarkIII 过于依赖世嘉街机游戏的移植作品，导致其游戏阵容的配置不够均衡，大多集中在当时世嘉所擅长的射击和动作游戏领域，而像解谜、RPG、冒险、体育等类型就远不如 FC 的游戏品种丰富，这可以说是 MarkIII 的一大弱点。

此外，受任天堂在日本国外大获成功的影响，世嘉也于 1986 年

① 原名 *Fantasy Zone*，开发厂商为世嘉，下同。

② 原名 *Space Harrier*。

③ 原名 *Afterburner*。

开始以 SEGA Master System 的名义在日本国外销售 MarkIII。尽管世嘉在美国没能撼动 NES（美国版 FC 的名称）的市场地位，但在欧洲和巴西却表现抢眼，在国外市场取得了销量 900 万台的成绩。在之后的 1987 年，世嘉将其在国外使用的 SEGA Master System 这一名称又拿回了日本，作为原版 MarkIII 的改款机型进行销售。

SEGA Master System（世嘉，1987 年 10 月 18 日，16800 日元）

SEGA MarkIII 的更新版本，是在国外版 MarkIII（名字也叫 Master System）的基础上进行小规模改款之后的机型，将 MarkIII 上的按钮连射组件[①]和 FM 音源组件[②]两个可选配件改为了标配的内置功能。

Family BASIC：让 FC 变身为学习机

正如上一章所提到的，FC 问世的 1983 年前后，正是学习机产品方兴未艾之际，因此 FC 也推出了一种周边设备，使得 FC 也能够作为电脑来使用。这款名叫 “Family BASIC” 的设备，包括一个键盘和一张卡带，发售价格为 14800 日元，后来又推出了一张增加了内存容量和命令的新版卡带 “Family BASIC V3”，售价 9800 日元。

---

① 早期的游戏机手柄上的按钮（例如 A 和 B）都是没有连射功能的，在游戏中按一下按钮只能发射一发子弹，要连续发射需要连续不停地按，后来一些游戏机的手柄上增加了连射按钮，只要一直按住就可以连续发射子弹了。SEGA MarkIII 的这个连射组件是接在手柄和主机之间的一种附加设备。

② MarkIII 的标准音频系统是由简单的方波和白噪声通道构成的模拟合成音源，而 FM（调频合成）音源能够合成出更加丰富的音色，例如 10 年前左右的和弦铃声手机上用来演奏来电铃声的就是这种 FM 音源。

SEGA MarkIII（上）和 SEGA Master System（下）。这两款产品均保持了对 SG-1000 以及后续机型的向下兼容性，以前推出的游戏都能在新机型上直接玩

在电脑和系统软件开发方面拥有一定经验的夏普和 Hudson 参与了这款产品的开发，尽管价格不贵，但却能够用 BASIC 语言编写出水平较高的程序。

Family BASIC 价格不贵，但附带的键盘看起来还挺像回事。可编程容量仅有 2KB，只能编写一些比较基本的游戏

然而，FC 毕竟是一款专为游戏而设计的产品，其基本性能和其他学习机相比并不算好，因此任天堂在设计上采取了限制命令数量等折中手段，以避免和对手直接在性能上竞争。另一方面，Family BASIC 中安装了一般电脑中没有的“计算器”“占卜”等软件，而且采用了交互式菜单，其定位更像是学习编程的入门级机型。

FC 和 Family BASIC 加起来价格还不到 3 万日元，比其他的学习机要便宜很多，先不管其实用性到底如何，反正对于孩子们来说，其说服力足以让他们打着“可以用来学习的电脑”这一幌子来跟家长软磨硬泡了。

Disk System：小磁盘，大扩展

为了便于操作，以及以最低的价格实现最好的游戏性能，FC 采用了卡带作为游戏软件媒体。在 FC 发售的年代，其他公司也已经在使用卡带了，因此任天堂做出这样的判断也是意料之中的事，然而随着游戏容量越来越大，卡带中所使用的掩模型 ROM 芯片[①]的成本和产能逐渐成为了瓶颈。与此同时，1985 年以后，软盘在电脑领域中开始普及，将大容量的电脑游戏移植到 FC 也变得越来越困难。为此，任天堂推出了一种连接 FC 的新扩展设备，不但提升了软件的容量，而且还带来了新的购买需求，这就是 Disk System。Disk System 采用了一种名叫 QD（Quick Disk）的磁盘，其特点是比一般的软盘结构更简单，成本也更低。

① Mask ROM，即按照一块可编程的模板芯片通过光掩模的方式大量复制出来的只读芯片。

Disk System 所使用的磁盘。一般是左侧的这种，但一部分游戏为参加全国得分排行榜而推出了专用的磁盘

Disk System 发售于 1986 年 2 月 21 日，售价 15000 日元，同时还发售了《塞尔达传说》《超级马里奥兄弟》《高尔夫》《足球》《网球》《垒球》和《麻将》共 7 款游戏，每款游戏的原装版售价为 2500 日元，擦写版售价为 500 日元。除《塞尔达传说》以外，其余的几款游戏内容都与早期的卡带版本完全一样，这样的布局中隐藏着任天堂的两大战略。

第一大战略是通过《塞尔达传说》彰显磁盘的“大容量”和“可读写”这两大特性，从而向市场投放更多这样可以玩很长时间的大型游戏。当时，类似这种可以“明天继续玩”的大型游戏在电脑上已经比较常见了，这些游戏具备保存和读取存档的功能，可以长时间慢慢地玩，因此很多玩家希望在 FC 上也能玩到这样的游戏，而作为 Disk System 上的首部作品，《塞尔达传说》正是为了回应这样的需求而开发的。《塞尔达传说》的内容之宏大，游戏性之丰富，完全超越了以往的任何FC游戏，因此赢得了玩家的厚爱，“塞尔达”系列至今为止依然是任天堂的王牌作品之一。

随后，任天堂又相继推出了一些充分发挥Disk System特性的游戏作品，如《银河战士》[①]《新鬼岛》[②]《任天堂侦探俱乐部》[③] 等。

第二大战略则是通过其余6款游戏，利用磁盘的“可读写”特性，推出一种“擦写游戏的商业模式”。由于磁盘是一种可以任意擦写的媒体，那么就可以擦掉磁盘上原有的游戏，然后再写入一款新的游戏。在推出Disk System的同时，任天堂在各零售店里安放了一种叫作Disk Writer的“专门用来擦写游戏的自动售货机”，只要500日元就可以在磁盘上擦写一款游戏。不过，任天堂并不出售不包含游戏的空白磁盘，因此只能通过购买原装版的游戏才能够获得磁盘。

① 原名*Metroid*，开发厂商为任天堂，下同。

② 原名“ふぁみこんむかし話新・鬼が島”。

③ 原名“ファミコン探偵倶楽部消えた後継者”。

Disk Writer 不能由顾客直接操作，而是需要由店员来操作。图为当时任天堂向零售店派发的 Disk Writer 宣传资料

举个例子：

花 2500 日元购买游戏 A 的原装版

→花 500 日元擦写成游戏 B

→再花 500 日元重新擦写成游戏 A

这样一来，通过对一张磁盘的反复擦写，就形成了一种薄利多销的商业模式（而且用这样的方法，一款游戏还有可能多次重复销售），这在游戏史上当属首创。而且，只有有限的一些门店中才装有 Disk Writer，于是很多回头客会不断光顾这些门店，使得这些门店实质上变成了任天堂自家的地盘。

此外，任天堂还在门店中安放了另一种叫作 Disk Fax 的终端设备，通过这种设备，玩家可以将保存在磁盘中的游戏得分记录和存档发送给任天堂参加排名。当时有《高尔夫 JAPAN Course》等 6 款游戏提供比分排名服务，排名靠前的玩家可以得到一些珍贵的非卖品作为奖品，再配合电视广告的积极宣传，使得玩家能够定期光临门店，任天堂的这种集客战略的确取得了一定的成功。

Disk System 设备仅在日本国内的销量就超过了 400 万台，配套游戏 199 款，总计销量 5339 万套，这样的成绩在单一市场中算是非常成功了，但由于几个判断的失误，磁盘占领软件媒体的宝座没多久，就在卡带的反击中败下阵来。

其中最大的误判在于产能过剩导致全球掩模型 ROM 价格跳水，以及 ROM 的容量迅速赶上并超越了磁盘。Disk System 问世之时，曾标榜其磁盘拥有相当于卡带三倍的容量，然而没过多久就出现了容量比磁盘更大，达到 1Mbit，甚至 2Mbit 的掩模型 ROM，而且价格还非常便宜。此外，市面上还出现了在卡带中安装电池，使其断电后依然可以保存数据的“电池备份”技术，这样一来，卡带游戏也可以存档和读档了。到此为止，Disk System 所标榜的几大优势——“廉价”、“大容量”、“可读写”瞬间土崩瓦解，相反，像“易损坏”、“读盘慢”等磁盘所特有的缺点相继凸显出来，最终导致磁盘过早地结束了自己的历史使命。

另一个误判在于，任天堂所设想的“以低廉的价格推出大量休闲游戏”的模式没有得到其他软件厂商的认可。尽管从表面上看，任天堂推出 Disk System 是想“将大容量且耐玩的电脑游戏移植过来”，但实际上任天堂真正想推广的商业模式却是“以低廉的价格推出大量的休闲游戏，以刺激玩家不断地擦写磁盘”，任天堂将擦写游戏的价格定为 500 日元的白菜价也正是出于这个目的。然而，《勇者斗恶龙》[1] 等一系列 RPG 大作的问世，预示着大容量且耐玩的游戏已经逐渐成为主流，而这样的游戏必然需要较长的开发周期和较高的开发费用，这可不是 500 日元的白菜价能负担得起的，于是大容量 ROM 卡带刚一问世，软件厂商就纷纷倒戈了。

Disk System 的推出原本是为了应对掩模型 ROM 容量小价格高的问题，但最终却又是由于掩模型容量增加和价格跳水而退出历史舞台，这个结局的确有点讽刺。从结果上来看，尽管 Disk System 仅在 FC 市场的某个特定时期创造了的一段短暂的辉煌，但这并不意味着它的思想和理念是错误的。“廉价方便的游戏发布方式”这一设想如今已经由网络下载的销售模式实现，并已经被广大玩家所接受，

① 原名 *Dragon Quest*，开发厂商为艾尼克斯（现：史克威尔艾尼克斯）。

而且网络下载方式在将来很有可能将完全取代包装零售方式，从这一点来看，磁盘是玩家自己的，厂商卖的只是“数据”，这样的思想在当时不得不说是十分先进的。

此外，由于当时还没有互联网，通信服务只能通过安放在门店中的Disk Writer和Disk Fax设备来提供，但其实任天堂在Disk System的背面预留了一个用来通信的接口。尽管最终Disk System并没有实现通信功能，但恐怕任天堂当初已经设想过在家里用电话线“将游戏下载到磁盘里”“上传得分数据参加排名”之类的服务模式。现在已经司空见惯的一些商业模式，在大约30年前就已经实现了商品化，着实令人惊叹不已。

FC模式的功与过

任天堂之所以在FC上如此不遗余力地推动由第三方厂商开发游戏软件的体制，就是为了避免Atari Shock悲剧的重演。雅达利曾依靠Activision等大牌软件厂商的力量，成功地在短时间内培养出一个巨大的市场。然而，雅达利没能掌握软件厂商的数量以及市场上发行的游戏作品数量，因此当粗制滥造的游戏充斥市场时，雅达利也显得无能为力。为了不重蹈雅达利的覆辙，任天堂对每年推出的游戏作品数量采取了限制措施，希望借此来提高游戏发行的门槛，避免出现盗版泛滥的局面。不过，像Hudson、南梦宫、科乐美（Konami）等首批第三方厂商也被赋予了一定的特权，这些厂商在合同期内可以免受作品数量限制，从而跟任天堂保持了一段亲密的

“蜜月关系”。

此外，以前曾经发生过因第三方生产的卡带插不进主机导致游戏软件被召回的事件，任天堂也为此背了黑锅，差点被消费者的投诉给淹死。为了杜绝类似问题的发生，任天堂对第三方厂商“约法三章”：

① 由任天堂对所有游戏进行兼容性测试和品质检验

当第三方厂商推出 FC 游戏时，必须在通过任天堂所规定的检验之后方可上市发售。

② 所有卡带由任天堂进行统一的 OEM 生产[①]

第三方厂商向任天堂下生产订单，然后由任天堂进行生产并交付成品卡带。

③ 生产费和授权费必须全额预付

这个规定是为了防止没什么财力的小厂商乱出“豆腐渣”作品，避免粗制滥造。

这样一来，任天堂就完全控制了游戏软件的供应和流通，为现在的游戏授权商业模式奠定了基础。

然而，这样的体制完全成了任天堂的“一言堂”，对于游戏的生产数量甚至内容，任天堂都可以横加干涉，因此也引发了第三方厂商的强烈不满。对于软件厂商来说，即便是计划在某个特定月份推出某款游戏作品，如果赶上任天堂工厂的生产线爆满就无法按计划生产。退一步说，就算能生产，也未必能保证按照软件厂商的需求

① Original Equipment Manufacturer，即将产品的生产过程委托给专门的工厂来进行，成品则贴上自己的商标。这种方式早期被称为“贴牌生产”，现在则一般称为“代工”。

生产出足够的数量。由于这些问题的存在，任天堂的第三方厂商合约严重干扰了各厂商的销售计划和销量预测，这对于第三方厂商来说是不利的。

尽管任天堂的商业模式在软件厂商中恶评如潮，但我们不能忘记任天堂模式的一大功绩，那就是它创造了“硬件亏本、软件盈利”，即以来自第三方厂商的授权费收入为前提的“反哺式”商业模式。除部分特例以外，其他硬件厂商在此后推出的游戏机上都效仿了任天堂的商业模式，以至于这种商业模式成为了当今游戏机行业的事实标准，从这一点来看，任天堂可谓是居功至伟。尤其值得一提的是，任天堂于1985年推出了北美版FC-NES（Nintendo Entertainment System），同时将日本的第三方授权模式带到了美国，一举让此前因Atari Shock陷入全面崩溃的美国游戏市场死灰复燃。美国的失败教训在日本催生出新的商业模式，而这样的商业模式反过来又重振了美国游戏市场，这样的结果不得不让人拍手称快。

说句题外话，任天堂之所以在北美采用NES作为产品名称，是为了回避Computer、Game等让人一下子就联想到“游戏机”的单词，可见在当时Atari Shock给美国市场留下了何等巨大的阴影和创伤。

向FC发起挑战的游戏机厂商

FC问世的20世纪80年代初，正是各种家用游戏机产品全面进军市场之时。尽管FC的横空出世使得除世嘉SC-3000系列外的所有机型全军覆没，不过在这里我还是想向大家介绍其中一些令人印象深刻的游戏机产品。此外，在这个时期还有很多国外的家用游戏机被引进到日本销售，这些产品在上一章中已经做过介绍，此处不再赘述。

Cassette Vision（Epoch，1981 年 7 月 30 日发售，12000 日元）

这款家用游戏机产品算是本节中所介绍的产品中最成功的一款，在 FC 问世之前曾占领了当时游戏机市场 70% 的份额，销量达到 70 万台。尽管其配套游戏只有可怜的 11 款，但正是这款产品让“通过卡带更换软件”这一模式在日本普及开来。这款产品使用了旧式电视机上面用来显示频道数字的那种芯片来显示游戏画面，画面非常粗糙，但也别有一番韵味。

Super Cassette Vision（Epoch，1984 年 7 月 17 日发售，14800 日元）

这是 Epoch 在 FC 上市后推出的一款用来和 FC 对抗的产品，配套游戏共有 30 款。为了实现性能上的飞跃性提升，它甚至牺牲了与 Cassette Vision 游戏的兼容性。此外，在这款游戏机上还推出了南梦宫的《F1 赛车 II》[1] 等 FC 上所没有的街机移植游戏，而且主机本身甚至还推出了多种不同的颜色，这在当时十分罕见，由此可见 Epoch 在这款产品上的确下了一番工夫。然而，面对 FC 上层出不穷的大量游戏，Epoch 显得毫无还手之力，最终不得不做出终止家用游戏机开发和销售业务的痛苦决定，因此本机便成为了 Epoch 在游戏机领域的谢幕之作。

---

① *原名 Pole Position II*。

各款游戏机的包装盒。除 Super Cassette Vision 外，其余产品都在包装图案上罗列了很多游戏画面，以强调可通过卡带玩多种游戏这一特点。

SG–1000（世嘉，1983 年 7 月 15 日，15000 日元）

这是世嘉推出的第一款家用游戏机，前面我们说过，世嘉在同一天还推出了一款 SC-3000 学习机，而 SG-1000 就是将 SC-3000 去掉键盘并强化游戏功能的版本。这款产品原本是作为（能玩游戏的）电脑来设计的，相比一开始就为游戏而生的 FC 来说其表现力稍逊一筹，但由于世嘉本身也是游戏软件厂商，因此在配套游戏方面以 66 款的数量全面压倒了其他竞争对手。第二年，世嘉又推出了本机的小幅改款机型 SG-1000II，为此后长达 20 多年的世嘉家用游戏机业务奠定了基础。

TV Boy（学习研究社，1983 年 10 月，8800 日元）

这是一款由学习研究社（现：学研 Holdings）推出的家用游戏

机，这款产品的设计很独特，是通过装在主机上的把手来操作游戏的。由于其配套游戏只有可怜的 6 款，在本节介绍的产品中是最少的，因此其知名度低也就不足为奇了。

第一次游戏机战争：Famicom vs SEGA MarkIII

FC 的问世极大地改变了日本家用游戏机市场的格局。前面我们也介绍了很多其他厂商的游戏机产品，但这些产品几乎都是刚刚推出不久就销声匿迹的“一锤子买卖”，它们的配套游戏也只是为了卖游戏机而充充场面的而已，完全没有考虑到可以通过持续的游戏软件供应让消费者一直玩下去。其实，即便是任天堂和世嘉，在 FC 问世之前也没有认真考虑过这一点。从事实来看，FC 上市之初，任天堂并没有与第三方合作，而是试图自己包揽游戏的开发工作；世嘉则是到了 MarkIII 市场的后期才对第三方敞开大门，而且还只有区区一家厂商，总共两款作品。可见，FC 之前的家用游戏机竞争还完全算不上“战争”，直到 FC 问世后与 SEGA MarkIII 的一番较量才终于有了点“战争”的意思，因此我们将这段历史称为“第一次游戏机战争”，后面我们将按照这样的断代法为大家悉数几次重要的游戏机战争。

说起购买家用游戏机的动机，恐怕大多数人都是冲着自己想玩的那些游戏“慕名而来”的。无论在哪个年代，游戏机本身都不是最终的消费目的，玩家是因为想玩某款游戏，才会去购买相应的游戏机，这几乎是一条永恒的真理。在历史上的数次游戏机战争中，尽管像销售战略、时代背景等因素也会对战局产生一定的影响，但决定胜败的最重要因素都不是游戏机本身，而是其配套的游戏软件，这一点希望大家能够牢记于心。

FC 上市时共推出了三款首发游戏，分别是《大力水手》[①]《大金刚》和《大金刚 Jr.》，它们都是任天堂人气街机游戏的移植作品。由于 FC 在设计时就是以能够移植自家街机游戏作为前提的，因此它的画面表现要远远超过当时其他公司的家用游戏机。然而，FC 上市之初并没有受到热烈的追捧，大家只是觉得任天堂像其他公司一样"也出了一款能换卡带的游戏机"而已。不仅如此，在 FC 问世的 1983 年，正好赶上一波"个人电脑浪潮"，各种学习机等电脑产品都卖得不错，尽管 Family Computer 的名字里面也带了"电脑"这个词，但它一没有键盘，二不能自己编程，因此零售店都觉得这只是一款徒有虚名的产品罢了。

改变这一局面的，正是 Hudson（现：科乐美（Konami Digital Entertainment））和南梦宫（现：万代南梦宫（Bandai Namco Games））这两家公司。当时，Hudson 因为与任天堂共同开发了一款叫作"Family BASIC"的 FC 周边扩展设备，所以对于 FC 的规格已熟稔于心，借助 Family BASIC 这一近水楼台，Hudson 抢先推出了首批非任天堂开发的游戏《爱的小屋》[②] 和《淘金者》[③]。另一方面，南梦宫则是依靠其强大的技术实力，通过分析 FC 的内部结构独自开发了游

① 原名 *Popeye*，开发厂商为任天堂。
② 原名 *Nuts & Milk*。
③ 原名 *Lode Runner*。

戏《小蜜蜂》[1]，并以此敲开了任天堂的大门。当时，南梦宫已经在为MSX等其他机型开发游戏软件，但也许是因为看中了FC出色的游戏性能和发展前景，此后短短几个月的时间里，南梦宫就相继移植了多款自家的人气街机游戏，包括《吃豆人》《铁板阵》[2]和《猫捉老鼠》[3]。

《淘金者》和《铁板阵》真是叫好又叫座。"淘金者"原本是人气颇高的一款电脑游戏，FC版的画面甚至比原版还要漂亮，角色也变得更加可爱了；《铁板阵》的移植虽然称不上完美，但能在家里玩上质量如此上乘的超人气街机游戏，也算是没什么可挑剔的了。尽管当时的FC出货量只有130多万台，但《淘金者》和《铁板阵》却奇迹般地分别卖出了100万套和120万套，在这两部非任天堂游戏作品的拉动下，FC主机的销量也迎来了爆发式增长，一举改写了此前家用游戏机的销量纪录。

Hudson和南梦宫的成功，使得其他软件厂商纷纷要求加入FC阵营（这就是所谓的"第三方"），这使得任天堂在应对上一度陷入被动。任天堂当初的设想是完全由自己来开发游戏软件，因此既没有专门负责授权业务的部门，也没有相应的技术文档。即便如此，希望加入FC阵营的软件厂商还是与日俱增，FC游戏软件的上市数量也从1984年的20款增加到1985年的69款，并于1991年创下了151款的最高纪录。在这些游戏中有一些作品的名字至今仍如雷贯

① 原名*Galaxian*，这款游戏和早期雅达利版的《小蜜蜂》（*Space Invaders*）非常相似。
② 原名*Xevious*，虽然名字看不出来但这是一款纵版射击游戏。
③ 原名*Mappy*。

耳，如任天堂的《超级马里奥兄弟》、艾尼克斯（Enix，现：史克威尔艾尼克斯）的《勇者斗恶龙》、史克威尔（Square，现：史克威尔艾尼克斯）的《最终幻想》[1]等，正是这些名作的出现，引发了发售日排长队买游戏的这一新的社会现象。当然，购买FC主机的玩家也越来越多，游戏机的普及刺激了软件的开发，反过来又进一步拉动了游戏机的销量，这样一种良性循环已然开始形成。这一连串的社会事件被称为“Famicom浪潮”，以游戏为题材的漫画、动画甚至是电影作品也在这时开始大量涌现。当时的学校里，不懂FC、家里没有FC的孩子会被别的孩子看不起，FC甚至成为了学校里体现身份和地位的象征。此外，1984年SoftBank（现：SoftBank Creative）推出了游戏综合信息杂志《Beep》，1985年德间书店推出了FC专门杂志*Family Computer Magazine*，随着这些游戏大众传媒的诞生，家用游戏机在日本终于从一种昙花一现的“玩具”，逐步演变为一个巨大的“产业”。

再来看看这场战争的另一个阵营——世嘉。世嘉和FC同时推出的SC-3000系列原本是一款学习机，和为游戏量身打造的FC相比，其性能完全不占优势。SC-3000没有画面卷轴[2]功能，而且只能显示单色的精灵[3]，作为一款游戏机来说其表现力实在糟糕，根本就不是FC的对手。世嘉意识到图形性能是SC-3000系列的最大软肋，为了

① 原名*Final Fantasy*。

② 画面的背景在屏幕上移动被称为“卷轴”（scroll），像“超级马里奥”等需要在一个巨大的地图中不断向前移动的游戏，都需要画面卷轴功能才能实现。

③ 游戏中可移动的图形对象被称为“精灵”（sprite），例如《超级马里奥》中的“马里奥”“蘑菇”“怪物”等都是精灵。

弥补这一弱点，世嘉与雅马哈（Yamaha）联手，共同开发了一款专用图形处理器，并最终推出了猎杀 FC 的刺客——SEGA MarkIII。

和 MarkIII 同时推出的游戏共有两款，分别是《泰迪男孩布鲁斯》[①]和《世嘉摩托车》[②]，这两款游戏都是世嘉自家街机游戏的移植作品。尤其值得一提的是，《世嘉摩托车》还附带了专用的摩托车把手配件，可见世嘉对这款游戏还是十分重视的。世嘉认为，MarkIII 在性能上已经超过了 FC，还能完全兼容 SC-3000 系列的软件，因此在游戏数量上也占有优势，接下来只要不断移植世嘉的人气街机游戏，在品牌价值上也能够一举干掉任天堂。

然而，世嘉没有想到，在 MarkIII 上市之时，FC 阵营的软件厂商已达到 17 家，其中不但有在街机游戏上能和世嘉平起平坐的南梦宫、科乐美、大东（Taito）、卡普空（Capcom），还有以动画周边见长的万代（现：Bandai Namco Games）、以电脑游戏见长的 ASCII 等，这些厂商共同形成了一个类型丰富多彩的游戏软件布局，这样的布局甚至超出了任天堂自己的设想。在这样的局面下，世嘉仅靠图形性能上的少许优势实在是无法力挽狂澜。

此外，世嘉引以为傲的人气街机游戏移植战略也遇到了问题，像《太空哈利》《冲破火网》等游戏，由于当时家用游戏机和街机的性能差距实在太大，很难做到完美移植，让人感觉就是个“四不像”的半吊子作品。讽刺的是，随着越来越多的游戏被移植过来，移植的质量却丝毫不见起色，甚至抹黑了原版的形象，反倒是让人感觉

---

① 原名 *Teddy Boy Blues*。

② 原名 *Hang-On*。

MarkIII 在性能上也不怎么样。当时的游戏杂志甚至写出了“**家用平台上的**高水平画面!”这样的话，这不就是等于在说“跟街机原版的画面没法比”的意思吗？可以想象当时的杂志编辑写出这句话时内心是何等的纠结（当然，在这一点上 FC 的情况也没好到哪去）。

街机版（左图）和 MarkIII 版（右图）《太空哈利》的对比。这在当时还算是“良心”的移植作品，在家里能玩上就已经算不错了

给世嘉致命一击的，是当时游戏市场产业化所带来的游戏类型的多元化。在动作游戏、竞速游戏、解谜游戏、AVG（冒险游戏）[①]、SLG（模拟策略游戏）、RPG（角色扮演游戏）等丰富的游戏类型逐步确立之时，靠一家公司包揽所有这些类型的游戏，对于世嘉来说实在是力不从心。随着经典名作《勇者斗恶龙》的成功，游戏市场上掀起了一股 RPG 浪潮，MarkIII 上也急需推出 RPG 作品。然而开发一款 RPG 对周期和人才的需求远非其他类型的游戏可比，世嘉在这方面也遇到了不小的困难。1987 年，世嘉终于推出了自己的第一

① 所谓的“冒险游戏”（Adventure Game），实际上指的是以图像和文字为主的“故事游戏”，也被称为“文字游戏”“视觉小说”等。

款 RPG 大作《梦幻之星》[1]，并推出了将原本的可选功能变为标配功能的小幅改款机型 SEGA Master System，同时也开始邀请第三方厂商共同开发游戏，然而这些对策都未能挽回败局，最终 FC 以 95% 的市场份额大获全胜，而对手 MarkIII 在日本国内的份额只有可怜的 5%。

第一次游戏机战争　各厂商出货数据

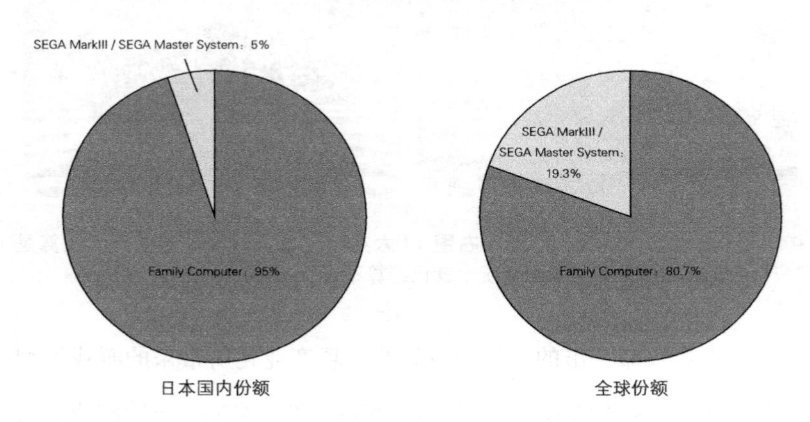

游戏机	日本国内销量	全球销量
Family Computer（任天堂）	1935 万台	6191 万台
SEGA MarkIII / SEGA Master System（世嘉）	100 万台	1480 万台

① *原名 Phantasy Star*。

第3章

后Famicom争夺战

Super Famicom vs PC Engine vs Mega Drive

1987-1992

为了街机游戏的完美移植

时间到了1987年，距离FC的问世已经过去4年，此时无论是FC还是MarkIII，其性能都已经明显跟不上时代的发展了。同时，街机游戏的水平却在逐年进步，使得将街机游戏完美移植到FC变得越来越不现实。这时，玩家和软件厂商都在翘首盼望着一款性能更高的家用游戏机横空出世。

其中，作为FC阵营中资历最老的第三方厂商之一，Hudson不但对任天堂的成功做出了不可磨灭的贡献，也依靠多款FC游戏的热卖实现了自身的快速成长。街机游戏的日新月异，以及FC性能的逐渐落后，让Hudson产生了不小的危机感。正是由于开发过大量FC软件，因此Hudson对于FC的规格已熟稔于心，另一方面，对于FC的硬件局限也比别人看得更加清楚。于是，Hudson开始探索开发一款自主规格的家用游戏机，并尝试与夏普、索尼等几家家电厂商进行接触，最终选择了与NEC Home Electronics共同开发的计划，这一计划的成果就是PC Engine。

此外，当时像南梦宫、科乐美等通过街机游戏业务积累了一定硬件开发经验的厂商，也纷纷开始摸索自主开发和销售家用游戏机的可行性。但由于难以快速建立遍布全国的销售渠道和售后服务体制，以及难以通过自己一家公司开发出品种足够丰富的游戏软件等原因，这些厂商的游戏机开发计划纷纷搁浅，但其中也有一些厂商已经制作出了原型机和软件开发工具。从这个角度来说，尽管在销售和售后上得到了 NEC Home Electronics 的支持，但 Hudson 能够长期保持每年 15 款以上高品质游戏的产量，其强大的开发实力也着实令人惊叹。

Hudson 的雄心：PC Engine 启动

PC Engine（以下简称 PCE）是由 FC 阵营的中坚力量 Hudson 与 NEC Home Electronics 共同开发的一款家用游戏机，是后 FC 时代的急先锋，发售于 1987 年 10 月 30 日。

关于 Hudson 开发这款新游戏机的背景，我们在上一节中已经简单介绍过了。Hudson 的开发方针是以 FC 的设计思想为原点，“在预测数年后街机游戏发展趋势的基础上，赋予其足够应对这一趋势的表现能力”，具体包括以下三点：

① CPU（负责计算的大脑）高速化

PCE 的 CPU 和 FC 一样，都是基于 MOS Technology 公司的 6502 系列进行设计的，但 PCE 的 CPU 大幅提升了运算和图形处理速度。之所以采用和 FC 相同的 CPU，是为了让软件编程人员更容易上手。

② 图形性能强化

FC 能同时显示 54 种颜色，PCE 则提升到 512 种颜色。此外，为了显示尺寸大、数量多且色彩丰富的游戏角色，PCE 将精灵的显示尺寸提升到 32 × 64 像素，16 色（FC 为 8 × 8 像素，4 色）。

③ 音频性能强化

FC 的音源为 3 和弦单声道，PCE 提升到 6 和弦立体声，而且可以通过编辑波形来模拟乐器和真人的声音[①]。

结果，PCE在设计上处处都能看出FC的影子，这一方面是因为Hudson自身已经过于熟悉和习惯FC的套路，同时也从侧面证明了FC的设计思想的确是十分优秀的。

另一方面，参与共同开发的NEC Home Electronics的开发和制造技术也不可小觑。PCE的主机设计得十分小巧，仅相当于当时便携式CD机的大小，如此小巧的身材，却能够实现远超FC的性能。此外，其游戏软件媒体采用了一种叫作“Hu Card”的信用卡大小的塑料卡片（这种卡片是由Hudson与三菱树脂共同开发的），游戏的包装盒也跟CD唱片一样大。

① 准确地说，这里的“和弦”指的应该是“通道”（channel）。此外，FC采用的是模拟合成音源，而PCE采用的是波形采样合成音源，因此PCE的声音更好听，不仅在于更多的通道数量，更重要的是采用了更先进的音频合成方式。

第一代 PCE 外形十分小巧，和一张 CD 唱片大小差不多，由于零件的配置密度很高，因此尽管看上去不大，但拿起来还是有些分量的

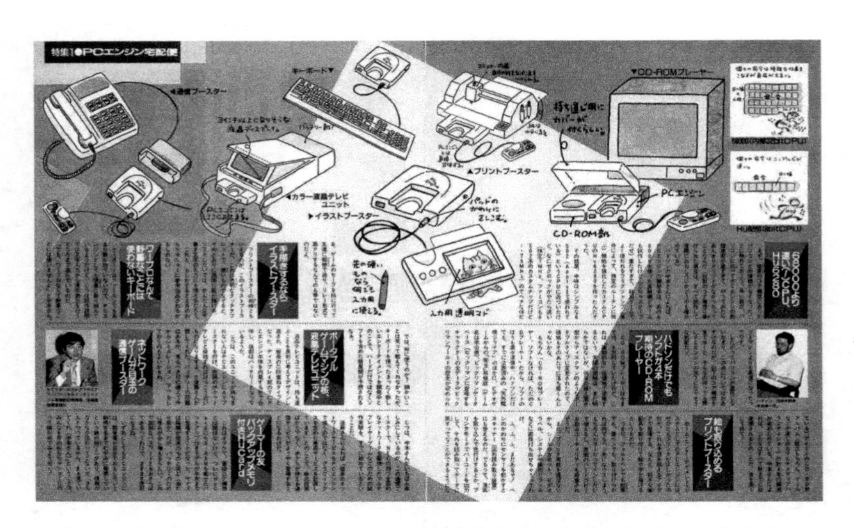

图为当时游戏信息杂志上刊登的一篇访谈，其中介绍的设备基本上全部实现了商品化，并不是单纯的天马行空

为了实现如此小巧的外形设计，PCE 采用了当时的家用游戏机所罕见的高密度工艺，这样做的代价就是其发售价格达到了 24800 日元，比 FC 贵了足足一万日元。PCE 在设计上有意向 CD 机和 CD 唱片靠拢，是因为在早期开发阶段就已经考虑到“核心计划”（稍后介绍）中所设想的 CD-ROM 周边设备。

PCE 的一大特征正是刚刚我们提到的“核心计划”。这一计划是将 PCE 主机看作一个“核心”，通过连接各种扩展设备来实现除游戏以外的其他应用。在核心计划中，PCE 主机的角色就像是驱动周边设备的“引擎”（engine），PC Engine 也正是由此得名。

实际发售的周边设备包括 CD-ROM 驱动器（光驱）、绘图板、打印机等。尤其值得一提的是，PCE 是世界上第一款配备光驱的家用游戏机，在此之前，CD-ROM 这种媒体仅在黄页、辞典等领域进行实验性应用，PCE 则将它推向了普通消费群体，并推动其成为了日后游戏机软件媒体的事实标准。此外，PCE 主机虽然只有一个控制手柄接口，但通过特定的周边设备可以扩展出更多的接口，这种类似现在“USB Hub”的理念在当时还是十分超前的。

核心计划的思想虽然先进，但计划的执行却显得有些半途而废，推出的周边设备中，除了光驱等少数成功的特例之外，其余大多数设备的成绩都并不是很好。由于主机背面只有一个扩展总线（扩展接口），打印机和光驱不能同时使用，因此在实用性上存在一定的问题，甚至在后期机型上干脆取消了扩展总线接口，看来连 Hudson 和 NEC 自己也对核心计划的未来不怎么乐观。

PCE 是由 NEC Home Electronics 这一家电厂商负责销售的，而且这款产品还不断地进行小幅改款，这恐怕也是本机的特征之一。如果算上先锋（Pioneer）的“Laser Active”和夏普的“X1 twin”这两款非 NEC 产品的话，PCE 的各种改款机型多达 13 种，如果连周边设备也算上的话则种类还要再翻个几倍。

此外，在 1989 年的年终购物季中，NEC 几乎同时推出了“Shuttle”“Core Graphics”和“Super Graphics”共三款机型，目的是尝试按不同价格和性能进行三个层次的市场细分。然而，这一战略最终没有能够贯彻下去，由于后来 CD-ROM^2（读作：CD-ROMROM）的成功，只有中间层次的 Core Graphics 存活下来，其余两款机型则被淘汰，而且随着 PC Engine Duo 的推出，NEC 开始将产品线集中在这款 PCE 和 CD-ROM^2 的整合机型上面。

PC Engine Shuttle（NEC，1989 年 1 月 22 日发售，18800 日元）

废除了扩展接口等功能的廉价版机型。尽管酷似宇宙飞船的外观很有特色，但由于无法使用 CD-ROM² 等周边设备，再加上后来 Core Graphics II 的降价，使得这款机型丧失了卖点，不得不早早退出市场。

PC Engine Core Graphics（NEC，1989 年 12 月 8 日发售，24800 日元）

第一代 PCE 的改色版机型，增加了视频输出接口以及按钮连射功能，长期以来它都是 PCE 的标准机型。

PC Engine Super Graphics（NEC，1989 年 12 月 8 日发售，39800 日元）

PCE 的高端机型，提升了图形性能。由于其专用软件只推出了 5 款，而且性价比也不怎么样，因此完全没有得到消费者的认可。

PC Engine Core Graphics II（NEC，1991 年 6 月 21 日发售，19800 日元）

和 PC Engine Core Graphics 的功能完全相同，只是降低了售价。

PC Engine LT（NEC，1991 年 12 月 13 日发售，99800 日元）

配备了 4 英寸液晶显示屏和电视接收器的 PCE，堪称价格最昂贵的机型。然而，尽管看起来像是一款便携式机型，却没有内置电池，实际上完全不便携，这种奇葩的设计导致这款产品几乎完全卖不出去。

X1 twin（夏普，1987 年 12 月发售，99800 日元）

这是将夏普当时的一款电脑产品“X1”与 PCE 组合而成的机型，和后面我们要介绍的 Tera Drive 理念大同小异，但这款机型并没有实现电脑和游戏机之间的相互访问，仅仅是在电源和视频输出层面进行了简单整合而已。

※ 关于 PC Engine GT 以及配备 CD-ROM^2 的机型我们将在后面的章节中进行介绍。

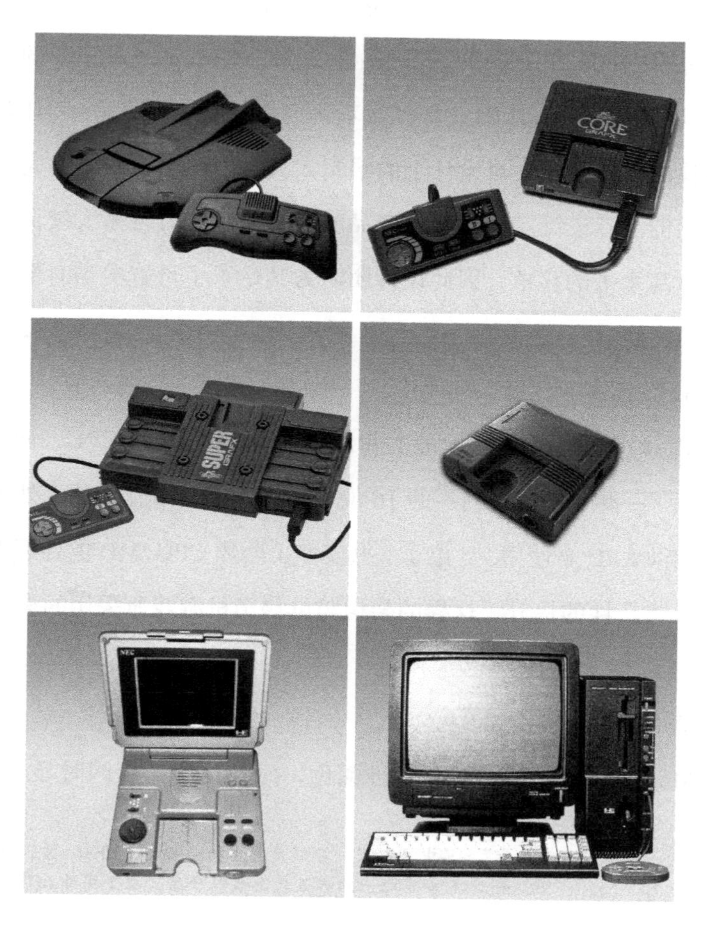

各种各样的 PCE（左上：PC Engine Shuttle，右上：PC Engine Core Graphics，左中：PC Engine Super Graphics，右中：PC Engine Core Graphics II，左下：PC Engine LT，右下：X1 twin）

Mega Drive：世嘉的第三方战略

Mega Drive[①] 是由世嘉（SEGA Enterprises）推出的一款 SEGA MarkIII 的后继机型，发售于 1988 年 10 月 29 日，比 PCE 晚了一年多，售价 21000 日元。尽管通过连接一款叫作 Mega Adapter 的设备也可以玩 SEGA MarkIII 上面的游戏，但由于当初开发 MarkIII 时过于重视向下兼容性，对设计上的限制太大，因此本机采用了完全从零开始的全新设计。由于这款产品的开发目标是对自家人气街机游戏进行高水平的移植，因此设计团队为其赋予了可媲美当时街机主板的高性能。

① CPU 高速化

MarkIII 采用的是在电脑上非常流行的 Z80[②] 这款 CPU，而 MD 则采用了一颗 68000 系列[③] 的 16 位 CPU，而将 Z80 作为用于处理音频的辅助 CPU 来使用[④]。由于一共安装了两颗 CPU，MD 的处理性能得到了飞跃性的提升，这样的架构与世嘉街机游戏所采用的架构是相同的。

② 图形性能强化

MarkIII 最多能够显示 64 种颜色，而 MD 则能够同时显示 256

---

① 中文一般称“世嘉五代”，其中“五代”应该是指本机是继 SG-1000、SG-1000II、MarkIII、Master System 之后世嘉推出的第五款游戏机产品，以下简称 MD。

② 制造商为美国 Zilog 半导体公司。

③ MC68000，制造商为摩托罗拉。

④ 当连接 Mega Adapter 时，作为辅助 CPU 的 Z80 可以被切换为主 CPU 来工作，从而能够直接运行 MarkIII 上的游戏。

种颜色中的 64 种颜色[①]。此外，为了显示尺寸大、数量多且色彩丰富的游戏角色，MD 将精灵的显示尺寸提升到 32 × 32 像素（MarkIII 为 8 × 8 像素）。MD 还允许同时使用两张背景，这使得游戏画面可以表现出一定的“纵深感”。

③ 音频性能强化

MD 采用了世嘉街机游戏中备受好评的立体声 FM 音源，在此基础上还配备了 PCM 音源（可以播放像真人语音等事先录制的声音）。

为了最大限度彰显配备“16 位”CPU 这一特性，MD 在主机上印了一块大大的“16-BIT”金字招牌，甚至比公司名和商品名的字体还要大，可见世嘉对“16 位”寄予了厚望

通过上一节对 PCE 的介绍大家应该可以发现，MD 和 PCE 的基本诉求都是“更快的处理速度”“更美丽的图像”和“更高品质的声音”这三点。当时 MD 的电视广告中也使用了“速度震撼”“视觉震

① 尽管同时显示颜色数都是 64，但 MD 可“挑选”的颜色变多了。

撼”和“声音震撼”[1]这三条广告词，正是为了针对上述三个诉求进行宣传和推广。不过，尽管诉求的大方向相同，但MD毕竟是按照街机游戏厂商的思路来设计的，与以FC为原点，以家用游戏机为定位来设计的PCE还是存在一些有趣的差异。

MD所采用的68000系列CPU原本是为军事用途和工作站（复杂业务中使用的计算机）开发的，绝非是一款大众产品。当世嘉决定在其家用游戏机上使用这款CPU，并向其制造商摩托罗拉（现：飞思卡尔半导体）以100万个规模订货时，摩托罗拉对这个当时还没什么名气的日本公司的行为表示极度震惊和戒备，于是摩托罗拉决定向世嘉提供由其授权厂商Signetics生产的兼容版68000芯片来规避风险。现在想想看，恐怕当时摩托罗拉的心情就像是一个饭店老板，看到一个陌生的客人一进来就点了100份拉面差不多。此后，随着MD出货数顺利攀升，后期的MD也就名正言顺地用上摩托罗拉生产的原版68000了。

从另一方面来看，世嘉这笔巨大的订单使得摩托罗拉快速完成了开发费和固定资产的折旧，大幅降低了68000的售价，使其成为嵌入式CPU领域的主流产品。这个例子说明，一款家用游戏机的成功甚至能够影响一个产业的格局。

MD在历史上经历了数次改款，不断趋于小型和廉价，这样的趋势在销售成绩更好的日本国外市场体现得更加明显。下面我们来介绍一些在日本发售过的改款机型。

---

① 原文为：Speed Shock、Visual Shock和Sound Shock。

Mega Drive 2（世嘉，1993 年 4 月 23 日发售，12800 日元）

去掉了电源 LED 指示灯和耳机接口等功能的廉价版 MD。和这款机型还同时推出了 Mega CD 2，这样的布局是有意让消费者将两者结合起来使用。

Mega Jet（世嘉，1994 年 3 月 10 日发售，15000 日元）

与日本航空（JAL）共同开发的一款将主机与控制手柄合为一体的小型 MD。这款机型原本是用作日本航空国际航线的客舱内借用品，后来流通到一般市场。尽管乍看之下像是一款便携式游戏机，但其实它既没有电池也没有液晶显示屏，其本质是一款不折不扣的家用游戏机。

Tera Drive（世嘉，1991 年 5 月 31 日发售，148000 日元）

与日本 IBM 共同开发的一款内置 MD 功能的 DOS/V 电脑。MD 和电脑可以同时工作，而且还能够相互使用对方的功能，这样的特性在当时的其他产品上十分罕见。然而，由于其电脑部分的性能和当时其他产品相比显得较弱，而且也没有什么游戏能够充分发挥 Tera Drive 的性能，因此最终只卖出了区区 2500 台。由于其专用显示器和键盘采用了 IBM 生产的高品质配件，因此受到很多重度爱好者的青睐。

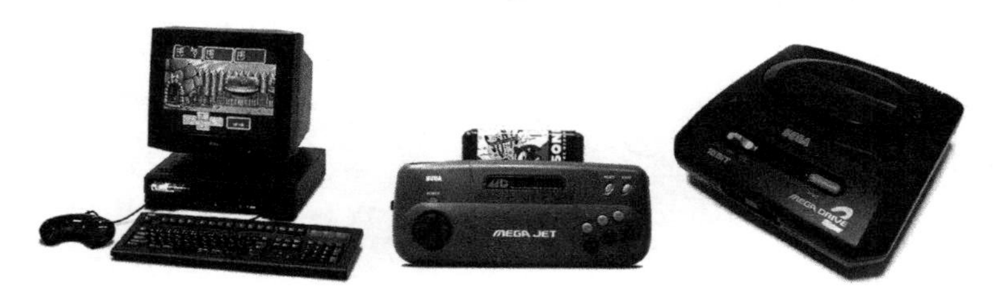

Mega Drive 的改款机型（左：Tera Drive 中：Mega Jet 右：Mega Drive 2）

鉴于第三方战略在FC的成功中所扮演的重要角色，世嘉也开始推行这一战略，这可以说是世嘉在MD时代最大的一次方针转换。尽管世嘉没有对发售作品数量进行限制，但任天堂所规定的品质检验、卡带统一生产及授权费等制度均原封不动地搬了过来。第一款第三方游戏是由Technosoft开发的《雷霆力量II MD》[1]，这是一款从夏普X68000电脑上移植过来的作品。顾名思义，X68000用的就是68000系列的CPU，因此移植比较容易。此后，像南梦宫、大东、科乐美等街机游戏实力较强的软件厂商，以及Electronic Arts Victor等国外著名厂商也加入进来，推出了多款游戏软件，从这一点来看，世嘉的第三方战略是一次十分成功的转型。

和MarkIII一样，MD也是在日本国外卖得比国内好。MD在北美和欧洲总计销量超过2800万台，相比之下日本国内358万台的销量简直不值一提。尤其是《刺猬索尼克》[2]人气爆棚，还推出了捆绑索尼克游戏的特别版MD游戏机，索尼克在北美的地位甚至可以与任天堂的马里奥平起平坐。

要说索尼克的人气之高，当时连世嘉员工的名片上都印上了索尼克的图案，尽管不是所有员工的名片上都有，但也可以看出索尼克这一招牌角色的知名度非同一般。

---

① 原名 *Thunder Force II MD*。

② 原名 *Sonic the Hedgehog*。

便携式游戏机诞生：Game Boy

1989 年 4 月 21 日，任天堂以 12500 日元的价格推出了一款历史性的游戏机产品，它就是可换软件便携式游戏机——Game Boy[①]。由于 Epoch 已经于 1985 年推出了一款名叫 Game Pocket Computer 的可换软件便携式游戏机，因此 GB 很遗憾地没能得到“世界上第一款便携式游戏机”的称号，然而对于至今依然蓬勃发展的便携式游戏机市场来说，GB 却可以堪称是实质上的开路先锋。GB 的游戏软件供应一直持续到 2003 年，其市场寿命长达 14 年，甚至在其后继机型 Game Boy Advance 推出之后也没有马上退役。GB 由任天堂开发一部负责开发，领军人物是横井军平[②]。由于该团队之前推出的 Game & Watch 获得了成功，因此 GB 的开发也继承了 Game & Watch 的理念，实际上是前者的后继机型。此时，FC 风头正盛，负责 FC 的开发二部成为了公司里的明星部门，相对而言，开发一部的 Game & Watch 已经开始走下坡路了，GB 的开发正是在这样的逆境之下启动的。

同时发售的游戏共有 4 款:《超级马里奥大陆》[③]《Alleyway》[④]《垒球》和《役満》[⑤]，都是非常轻松的休闲类游戏，操作也比 FC 更加简

---

① 以下简称 GB。

② Gunpei Yokoi, 1941—1997。

③ 原名 *Super Mario Land*。

④ 这是一款以马里奥为主角的打方块游戏。

⑤ 这是一款麻将牌游戏，“役満”是日本麻将牌中一种比较难以达成的和牌方式，全称“役満贯”。

单。同年6月，一款经典的游戏《俄罗斯方块》[1]横空出世，引爆了GB的热潮，使得GB游戏机一度卖到断货，《俄罗斯方块》堪称GB早期迅速普及的第一推手。GB版《俄罗斯方块》之所以能够大获成功，是因为其增加了原版所没有的“对战模式”，再加上横井军平以“不会太影响成本”为理由执意保留下来的通信功能[2]，正可谓是“珠联璧合”。“看不见对方的画面所带来的紧张感”“消掉自己的方块让对方冒出更多的方块所带来的快感”，这些对战的要素都是横井军平围绕着GB所独有的特性深思熟虑后的杰作。GB版《俄罗斯方块》总计卖出了424万套，是当之无愧的GB游戏销量冠军，这一纪录一直保持至今。

由于任天堂不但在家用游戏机市场上独占鳌头，在便携式游戏机这一新兴市场上也开始崭露头角，于是各大厂商纷纷出击，推出了一些竞争产品，在这片新的市场中展开激烈的争夺。接下来我们就来简单介绍一下GB的这些竞争对手——世嘉的Game Gear、NEC Home Electronics的PC Engine GT，以及雅达利的Lynx。

Game Gear（世嘉，1990年10月6日发售，19800日元）

Game Gear是世嘉为直接与GB竞争而推出的一款便携式游戏机。由于其性能和世嘉的SEGA MarkIII（Master System）基本相同，因此能够快速将MarkIII上的游戏移植过来，从而在软件资产上占据

① 原名*Tetris*，原本是由前苏联科学家阿列克谢·帕基特诺夫（Alexey Pazhitnov，1956—）等三人于1984年开发的一款电脑游戏，1989年任天堂取得了该游戏在家用游戏机上的独家版权，并以此使世嘉的MD版俄罗斯方块遭遇强制下架。

② GB的通信功能是用电缆连接两台主机来实现的，并非无线通信。

便携式游戏机市场的开路先锋——Game Boy。即便家里没有电视机，装上几节电池就可以玩游戏，因此在发展中国家也广受好评

优势。此外，尽管 Game Gear 很厚道地配备了彩色液晶显示屏[①]，但价格却不贵，而且通过连接一款电视接收器配件就可以看电视，甚至连录像机等设备上的画面也可以放到 Game Gear 的液晶屏上观看，可以说 Game Gear 不仅是一台便携式游戏机，还是一台便携式电视机。

PC Engine GT（NEC，1990 年 12 月 1 日发售，44800 日元）

这款游戏机是我们前面介绍过的 NEC Home Electronics 推出的家用游戏机 PCE 的便携版本，也是迄今为止唯一一款能够直接玩家用机游戏的便携式游戏机。由于 PCE 的游戏卡本来就只有一张信用卡大小，再加上 NEC 在高密度工艺上的技术实力，成功实现了主机的小型化，从而能够直接运行 PCE 上的游戏，这可谓是本机的最大卖点（当然，CD-ROM 等周边设备是无法使用的）。此外，和 Game Gear 一样，本机也配备了彩色液晶屏，而且也可以选购电视接收器配件，作为便携式电视机来使用。

Lynx（雅达利，1989 年发售，29800 日元）

严格来说，Lynx 并不是一款和 GB 对抗的产品，它原本是由美国 Epyx 公司开发的一款便携式游戏机，后来雅达利买下了它的授权。这款产品配备了彩色液晶屏，而且性能甚至超越了当时的家用游戏机，此外它还有一些独到的设计，例如惯用左手的人只要倒过来拿就可以无障碍使用。该产品在日本由 Moomin[②] 代理销售。

---

① GB 配备的是 4 级灰度的黑白液晶显示屏。

② 原名为“ムーミン”，由于该公司早已并入世嘉，未能查到正式的英文名称，因此这里的拼法有可能不准确。

其他各厂商同年代推出的便携式游戏机（左上：Game Gear，左下：Lynx，右：PC Engine GT）。其中 Lynx 在体积上比其他产品明显大了一圈

和 FC 一样，GB 也是在任天堂严格的成本控制之下诞生的，它所配备的 4 级灰度黑白液晶屏就是一个很好的例证。尽管当时彩色液晶屏已经出现，但由于价格昂贵，耗电量大，因此任天堂认为彩色液晶屏还不适合用在游戏机上。时任任天堂总裁的山内溥对 GB 提出了两条要求："性能和 FC 相当，但要比 FC 便宜"、"充电太繁琐，电源要采用干电池"。山内总裁认为，GB 是一款玩具，因此相对于美丽的外表，任天堂更应该重视低价和方便。

相对而言，其他厂商的便携式游戏机无一不标榜"彩色液晶屏""高性能"和"高附加值"，但却暴露出"续航时间短""价格昂贵"等问题，导致了消费者的不满。尤其是续航时间这一点，GB 用 4 节 5 号电池可以续航 35 小时，但其他公司的产品用 6 节 5 号电池也只能续航 3 小时左右，差距足足有 10 倍之多。横井军平很早就看清了局势，他曾说："如果对手用了彩色屏幕，那我们就赢定了。"结果，GB 创造了累计 1.2 亿台的销量纪录，成为深受全世界玩家喜爱的一代神机。

GB 开创了现代便携式游戏机的先河，但到了 1996 年前后，即 GB 迎来"七年之痒"的时候，新的游戏作品增长乏力，GB 曾经的光环也开始逐渐褪去。当时在家用游戏机领域，像 CD-ROM、3D 等华丽的新概念已经席卷而来，相比之下 GB 已经显得十分落伍，作为一款游戏机它也该寿终正寝了。但就在这个时候，一款游戏的出现拯救了 GB，那就是在游戏史上声名显赫的超级大作《口袋妖怪红 / 绿》[1]。

《口袋妖怪》(*Pokémon*) 是由 Game Freak 的田尻智[2]历经 6 年的不懈努力而开发出的一款 RPG。田尻智的理念是"每开发一款新游戏，至少要创造一种新玩法"，他在《口袋妖怪》中植入了著名的四大概念——"收集""通信""交换"和"养成"。玩家需要在地图上找到并捕获口袋妖怪，从而逐步完成自己的口袋妖怪图鉴，但是仅凭玩家一个人的力量是无法完成图鉴的，必须要使用通信电缆和其他玩家交换妖怪才行。此外，妖怪也不是捕获之后就完事了，还可以通过养成来进化，例如"皮卡丘"就可以进化成"雷丘"。田尻智说："这是在对 GB 的功能和使用场景进行彻底分析的基础上诞生的

---

① 原名 *Pocket Monsters Red / Green*。"口袋妖怪"是 *Pocket Monsters* 在中文圈中接受度较高的一个名称，官方中文译名为"精灵宝可梦"，香港称"宠物小精灵"，台湾则称"神奇宝贝"。

② Satoshi Tajiri，1965—。

一款游戏作品。”正如他所设想的一样，孩子们开始疯狂地相互交换口袋妖怪，而口袋妖怪本身也衍生出了漫画、动画等作品，现在每年都有新的电影版上映，新的游戏作品也层出不穷，*Pokémon* 的热潮早已席卷全世界。

假如当初《口袋妖怪》的开发周期再长一点的话，或许在 1996 年 GB 市场就会完全萎缩，便携式游戏机的历史或许也会就此终结。从这个意义上来说，这款游戏能够赶在 GB 市场一息尚存之际推出，对于任天堂来说，真可谓是一种莫大的幸运。

迟来的巨人：Super Famicom

Super Famicom[①] 是一款由任天堂于 1990 年 11 月 21 日推出的家用游戏机，是 FC 的后继机型。其正式的产品名称并不叫“Super Family Computer”，而是采用了当时已被大众广为接受的昵称 Famicom，直接命名为 Super Famicom。为了提高表现力，SFC 的性能也比 FC 提高了不少，在这一点上，任天堂的做法和 PCE、MD 等其他产品也差不多，但是正如 FC 和 GB 对价格的严格控制一样，SFC 从一开始也设定了明确的价格目标——25000 日元（含税），力图在这一价格的前提下实现最佳的性能。这一方针后来成了任天堂的一贯作风，无论是 NINTENDO64、Game Cube 还是 Wii、Wii U，所有这些产品的发售价格都被统一定为 25000 日元（不含税）。

① 中文一般称“超级任天堂”或者“超任”，以下简称 SFC。

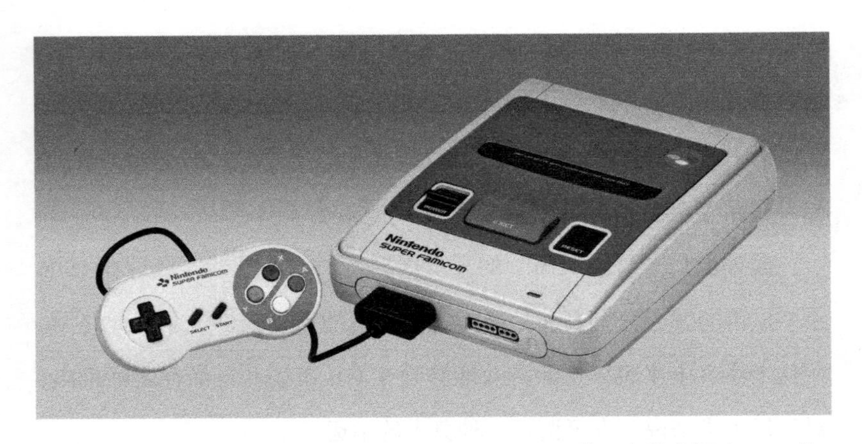

鼎鼎大名的超畅销家用游戏机——Super Famicom。其配套游戏超过 1400 款，长期受到玩家的喜爱

SFC 从开发阶段就遭遇难产，比预定计划晚了一年多才上市，受此影响，SFC 并没有像 FC 那样取得压倒性的胜利，但依靠《超级马里奥世界》[①]《F-ZERO》等自家大作，再加上第三方推出的大量佳作，最终还是达成了全球累计 4910 万台的销量，任天堂的霸主地位依然坚若磐石。

SFC 并没有像 PCE 和 MD 一样进行频繁的改款，而是几乎自始至终保持相同的机型，只是价格在不断进行调整。SFC 的兼容机型很少，只有夏普推出的一款兼容 SFC 游戏的电视机 SF1，以及任天堂推出的一款廉价版 Super Famicom Jr. 而已。下面我们来简单介绍一下这两款产品。

① 原名 *Super Mario World*。

SF1（夏普，1990 年 12 月发售，21 英寸型号 133000 日元，14 英寸型号 100000 日元）

这款产品和 FC 时代推出的 My Computer C1 在概念上完全相同。由于游戏机和电视机整合为一台设备，因此显示出的游戏画面非常干净漂亮。而且正是这样的一体化设计，使得移动和摆放起来非常方便，因此在一些开发 SFC 游戏的软件厂商中十分流行。

Super Famicom Jr.（任天堂，1998 年 3 月 27 日发售，7800 日元）

这是一款在 PlayStation、NINTENDO64 等游戏机为主角的第 3 次游戏机战争的中期推出的 SFC 的廉价版机型。这款机型取消了外部扩展接口以及卡带弹出按钮，价格非常便宜，只有 7800 日元。依靠这款廉价版机型，任天堂多多少少弥补了当时 NINTENDO64 的颓势，还有不少玩家用它连接 Super Game Boy[①] 在电视上玩当时十分流行的《口袋妖怪 红 / 绿》。

SFC 为数不多的兼容机型：Super Famicom Jr.（左图）和 SF1（右图）

① Super Game Boy 是一张特殊的 SFC 卡带，里面可以插入 GB 的游戏卡，从而能够在 SFC 上玩 GB 的游戏。

SFC的开发之所以遭遇难产，其中一个原因在于对FC游戏的“向下兼容性”。当时，在PCE、MD等产品已经先发制人的局面下，如果SFC能够直接玩FC游戏的话，在游戏资产方面对于任天堂阵营来说会成为一个很大的竞争优势。SFC采用的CPU是FC的换代兼容型号，而且其图像模式中也定义了一个和FC相同的模式，从这些地方不难看出任天堂试图实现与FC的兼容性所留下的痕迹。然而遗憾的是，FC兼容的路线最终未能实现，SFC被设计为独立规格，不能玩FC上的游戏，造成这样的结果应该不是技术上的原因，最大的可能性应该还是受制于25000日元的发售价格，在成本博弈中不得不被砍掉了。

另一个对SFC成本控制产生较大影响的因素是CPU的运算速度。同时期的PCE、MD等产品无一不将“提高运算速度”作为开发重点，相比之下SFC在运算速度上毫无优势。特别是在世嘉阵营把“16-BIT”作为金字招牌印在主机上之后，将“16位”这个概念炒作得深入人心，当任天堂宣布SFC也将配备16位CPU时，软件厂商和玩家都对其运算速度充满了期待。但实际上，以一些对运算速度要求较高的SLG（模拟策略游戏）为例，同一款游戏在SFC上电脑的思考速度明显比在其他主机上慢很多，这让很多玩家倍感失望。

SFC牺牲了运算速度，将有限的成本用在了图形性能上，这是因为任天堂对未来游戏市场的发展趋势做了一番预测，认为随着FC上以《勇者斗恶龙》为代表的RPG（角色扮演游戏）的走红，玩家将逐渐从依靠反射神经的动作游戏转向更加耐玩的RPG。

幸运的是，《勇者斗恶龙》和《最终幻想》这两部系列大作表现稳定，任天堂当初的设想可以算是对了一半，然而追求爽快感的动作游戏和射击游戏需求依然旺盛，这部分市场被 PCE 和 MD 瓜分，在这样的局面下，玩家开始根据游戏类型来选择游戏机，而没有过于集中在某一款主机上。任天堂之所以没能像 FC 时代一样统治整个市场，这也许是一个重要的原因。

谈到 SFC，还有一个重要的话题不得不提，那就是游戏价格的暴涨。和 FC 一样，SFC 也采用卡带作为游戏媒体，但与此同时，游戏大作越来越多，规模也越来越大，这导致游戏的容量也跟着水涨船高。而且，由于 SFC 上出现了越来越多高画质、高音质的游戏作品，这也一定程度上推动了 ROM 容量的不断增大。诚然，只要增加掩模型 ROM 的数量就可以相应地提高容量，不过羊毛出在羊身上，使用更多的掩模型 ROM 必然会抬高游戏的价格。

而且，1995 年前后正是掩模型 ROM 价格再次飙升的时期，当时有一些游戏的价格居然突破了 1 万日元大关。尽管在 FC 后期任天堂降低了对第三方征收的授权费，一定程度上缓解了游戏价格昂贵的局面，但“卡带游戏很贵”这一印象却早已深入人心，这为 CD-ROM 成为新一代标准游戏媒体创造了条件。

另一方面，任天堂其实也在不断摸索新的游戏发布方式，例如通过卫星电视下载游戏的 Satellaview 系统，以及通过罗森便利店的 Loppi 终端提供游戏擦写服务的 Nintendo Power。

Nintendo Power 专用卡带（左：SFC 版，右：GB 版）和 Satellaview。从这两个例子可以看出任天堂一直以来都想要进军在线服务领域

1995—2000 年间，日本国内的 BS 模拟电视有一档叫作“St.GIGA 卫星数据广播 Super Famicom Hour”的节目，而 Satellaview 就是用来接收该节目的一种周边设备。正如当时的宣传标语“新游戏从天而降”所描绘的场景一样，任天堂希望通过这一系统开拓一种新的数据发布渠道，然而由于卫星电视接收设备本身就很昂贵，再加上其销售渠道只有目录邮购和少数有限的门店，因此认知度并不高，Satellaview 的销售也以失败告终。

Nintendo Power 是在 1997—2007 年间，由任天堂在日本国内的罗森便利店中提供的一种 SFC 和 GB 游戏擦写销售服务。这一服务的基本理念和当初 FC Disk System 的 Disk Writer 大同小异，但不同的是 Nintendo Power 更着重于“以便宜的价格提供老游戏”这一方式。随着 Wii 的 Virtual Console 上线，Nintendo Power 服务也就完成了自己的历史使命，但这一服务使得玩家能够随时以低廉的价格买到一些门店中已经不再销售的古老游戏作品，这一点非常值得称赞。

NEOGEO：把街机搬回家

下面要介绍的这款游戏机，似乎和家用游戏机市场争夺战的硝烟稍稍有点距离，它就是 1990 年由 SNK 推出的 NEOGEO。NEOGEO 原本是为游戏厅设计的一种可换卡带式街机主板系统，目的是为了让街机也能够像家用游戏机一样方便地更换游戏软件。街机版的 NEOGEO 名叫 MVS（Multi Video System），这款产品在硬件日新月异的街机市场上征战长达 14 年而没有进行任何改款，其游戏软件也一直持续推出，最后一款作品是 2004 年的《侍魂零特别版》[1]。

NEOGEO 与其说是一款家用游戏机，不如说就是一台街机。像 RPG 等比较耐玩的，适合家用游戏机的游戏在 NEOGEO 上一款都没有，属于典型的剑走偏锋

MVS 本身就是一款插卡式的街机，而 NEOGEO 则是一款能够直接运行 MVS 卡带游戏的家用游戏机。NEOGEO 上的游戏与其说

① 原名 *Samurai Spirits Zero Special*，开发厂商为 SNK。

是“和街机游戏一样”，不如说就是“街机游戏本身”，也正是因为这样的设计理念，导致 NEOGEO 无论是主机还是卡带都又大又贵。NEOGEO 主机售价为 58000 日元，每款游戏的售价大约在 30000 日元左右，这样的价格连 SNK 自己都觉得很难卖出去，于是便采取了将主机和游戏放在音像店里提供租赁的策略（当然，SNK 也通过玩具店等渠道进行零售）。由于 MVS 机器本身占用空间比较小，因此 SNK 便将 MVS 放到音像店的角落里，如果客人在店里玩到喜欢的游戏，便可以将这款游戏连同 NEOGEO 主机一起租回家玩。

NEOGEO 在上市之初销量并不算好，但如果把它当成街机来看的话，其实价格并不算贵，因此得到了不少重度玩家的支持，再加上《侍魂》《拳皇》[①] 两大系列的火爆，尽管定价较高但还是取得了不错的销量，据说 NEOGEO 的最终销量达到了约 100 万台。

第二次游戏机战争：Super Famicom vs PC Engine vs Mega Drive

在后 FC 时代的第二次游戏机战争中，PCE 率先打响了第一炮。在对 FC 进行彻底剖析的基础上，PCE 实现了全面超越 FC 的性能，同时保持了和 FC 相同的软件开发友好性，足以看出其试图取代 FC 成为新一代霸主的野心。PCE 上市的同时推出了《上海》和 *Bikkuriman World* 两款游戏，一个月之后又推出了《THE 功夫》和

① 原名 *The King of Fighters*，开发厂商为 SNK。

Kato-chan & Ken-chan 另外两款游戏[①]。这些游戏的画面都十分精美，表现力远远超过了 FC，尤其是《THE 功夫》画面上巨大的主人公角色，让玩家叹为观止。

就在这个时候，有一件事为 PCE 带来了巨大的机会——任天堂与南梦宫之间的 FC 第三方合约期满，需要更新合约条件了。上一章中我们提到，任天堂为了防止粗制滥造，对第三方厂商设置了每年游戏作品发售数量的限制，但对南梦宫等早期第三方厂商免除了这一限制。随着合约期满，任天堂不想再对南梦宫搞“特殊化”，而是希望将其与其他第三方厂商一视同仁。

尽管南梦宫最终不得不接受任天堂提出的这一条件，但从软件厂商的角度来看，限制了发售作品数量就等于是被勒住了脖子，是一个生死攸关的问题，而且任天堂单方面取消之前的优待措施，这怎么看都是一种“卸磨杀驴”的行径。由于这一事件，以南梦宫为首的第三方厂商开始着手开拓 FC 以外的其他家用游戏机软件开发业务，而 Hudson 则利用这些厂商对任天堂的不满，成功地将它们拉拢到 PCE 阵营，签下了一大批第三方游戏软件开发合约。PCE 开发容易，表现力强，因此受到了各大第三方厂商的欢迎，同时由于《R-TYPE》[②]《龙魂》[③]《源平讨魔传》[④]《雷霆战机》等街机游戏的高质量移植，受到了广大玩家的好评。

另一方面，世嘉在 PCE 上市一年之后也推出了自己的游戏机

---

① 以上 4 款游戏的开发厂商均为 Hudson。

② 开发厂商为 Irem。

③ 原名 *Dragon Spirit*，开发厂商为南梦宫。

④ 开发厂商为南梦宫。

MD，同时推出了《超级直升机》[1]和《太空哈利 II》[2]两款游戏，一个月之后又推出了游戏《兽王记》，上述游戏都是世嘉人气街机游戏的移植作品（准确来说，《太空哈利 II》算是原创作品，但这款游戏也是借助其街机游戏《太空哈利》的知名度而推出的，因此不能算是完全原创的作品）。MD 上市早期，由于游戏数量较少曾一度陷入苦战，但随着世嘉第三方战略的推行，越来越多的软件厂商加入了 MD 阵营，正如世嘉所预想的那样，MD 得到了很多以街机游戏移植为中心的厂商的大力支持。

此外，MD 上还推出了很多高质量的独家游戏作品，如《迈克尔·杰克逊：月球漫步》[3]《我爱米老鼠：梦幻城堡历险记》[4]《怒之铁拳》[5]等，依靠这些作品的支撑，MD 所取得的成功远远超过了上一代产品 SEGA MarkIII（Master System），从而为任天堂一家独大的 FC 时代划上了句号，游戏机行业开始进入三足鼎立的新时代。

面对不断被对手蚕食的市场份额，任天堂却依然没有拿出他们的下一代游戏机产品，这样的局面给任天堂带来了巨大的压力和危机感，于是任天堂宣布"正计划推出 16 位的新型 FC 游戏机"（16 位是能够同时处理的数据量的单位，FC 是 8 位游戏机。任天堂的这一说法可以说是针对以 16 位为卖点的 MD 的一种牵制手段）。此后

---

① 原名 *Super Thunder Blade*，开发厂商为世嘉，下同。

② 原名 *Space Harrier II*。

③ 原名 *Michael Jackson's Moonwalker*，开发厂商为世嘉，下同。

④ 英文原名 *Castle of Illusion Starring Mickey Mouse*。

⑤ 原名 *Bare Knucle*，美版名称为 *Streets of Rage*。

直到 SFC 上市的两年之中，任天堂不断放出一些小道消息，目的都是为了牵制竞争对手，例如：

“新型 FC 可以直接玩老 FC 上的游戏。”

“任天堂决不会抛弃老玩家。”

“新型 FC 将会另外搭配 FC 适配器。”

“正在探讨用老 FC 进行以旧换新的服务。”

像这样，发布的内容一变再变，开发一线的混乱局面由此可见一斑。不知道这些小道消息有没有起到什么效果，但 FC 这个名字本身就是一块雷打不动的金字招牌，尽管 SFC 的上市比其他对手的产品晚了将近两年，却依然受到了市场的欢迎。尤其是 1991 年 7 月 19 日发售的《最终幻想 IV》（史克威尔）、1992 年 6 月 10 日发售的《街霸 II》（卡普空）以及 1992 年 9 月 27 日发售的《勇者斗恶龙 V 天空的新娘》（艾尼克斯）这三款游戏引爆了 SFC 的人气热潮，为其最终赢得胜利作出了巨大的贡献。

SFC 在日本国外以 SNES（Super Nintendo Entertainment System）的名义推出，也获得了巨大的成功，最终全球销量达到了 4910 万台。

第二次游戏机战争　各厂商出货数据

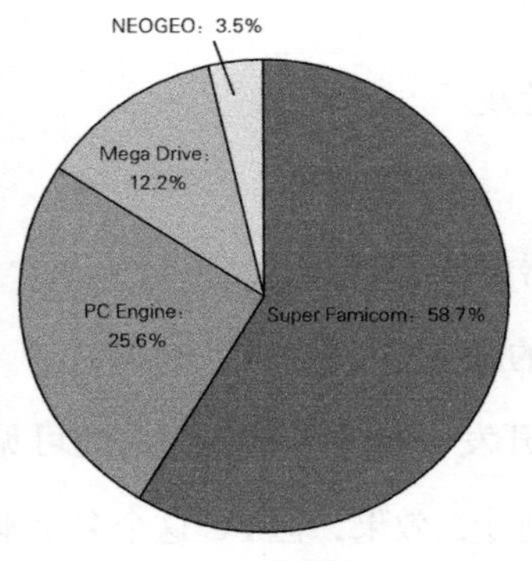

日本国内份额

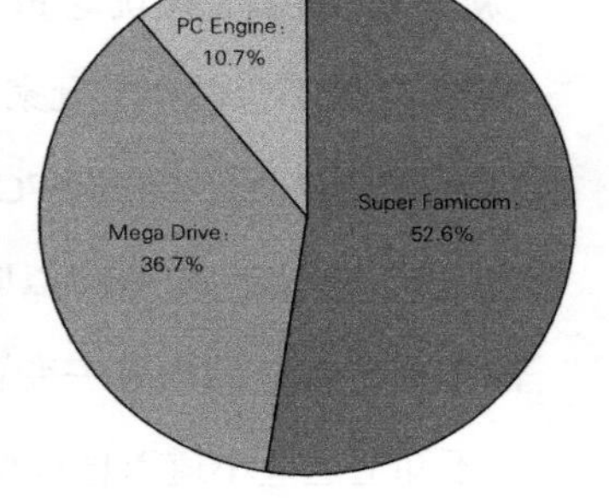

全球份额

游戏机	日本国内销量	全球销量
Super Famicom（任天堂）	1717 万台	4910 万台
PC Engine（NEC Home Electronics）	750 万台	1000 万台
Mega Drive（世嘉）	358 万台	3432 万台
NEOGEO（SNK）	100 万台	不详

第4章

从卡带到CD-ROM

CD–ROM^2 vs MEGA-CD

1989–1994

存储媒体革命：从卡带到 CD-ROM

1988 年，在游戏机行业发生了一场历史性的变革，世界上第一台配备光存储驱动器的游戏机周边设备“PC Engine CD-ROM² System”正式发售了。在此之前，除 FC Disk System 以外，其他所有的家用游戏机都是采用卡带作为游戏媒体的，这对软件的容量带来了极大的限制。例如，FC 早期的游戏《大金刚》使用了 128Kbit 的 ROM，这相当于现在计算机中一个 16KB 大小的文件（一张 16GB 的 SD 卡中可以装下 100 万份），比一张数码照片的容量都要小得多。

诚然，只要增加掩模型 ROM 的数量，也就可以提升卡带的容量，但从成本来看，这种做法就有点不现实了，而 CD-ROM 正是解决“容量”与“成本”这一对矛盾的杀手锏。PCE 的 CD-ROM 容量为 540MB，这相当于 1000 多张容量为 4Mbit 的 Hu Card。而且，要生产这样一张 CD-ROM，只需要将母盘像盖印章一样在一张圆形塑料盘片上压一下就行了（因此光盘的生产过程才被称为“压制”）①，这意味着只要制作一张母盘，接下来的量产成本十分低廉，对于像游戏这种对相同内容进行大量复制的商品来说，CD-ROM 简直就是为其量身打造的存储媒体。

PCE 的实践证明了以 CD-ROM 为代表的光存储媒体才是游戏的

---

① 准确地说，光盘并不是直接“压”出来的，而是将熔化的 PC 塑料灌注到模具中形成的，但由于整个过程非常快，因此从外面看起来，就是一台机器“压”一下就出来一张盘。

最佳伴侣，从此之后，光存储媒体经历了 DVD、蓝光（Blu-ray）等几代标准的演进，逐步成为了游戏机行业的事实标准。

世界上第一台 CD-ROM 游戏机：CD-ROM² System

CD-ROM² 是 NEC Home Electronics 于 1988 年 12 月 4 日发售的一款 PCE 周边设备，也是世界上第一款用于家用游戏机的 CD-ROM 驱动器[①]。PCE 在开发之初就已经提出了将主机作为核心设备来驱动各种扩展设备的“核心计划”，其中 CD-ROM² 正是这一计划中最关键的一环，因此 Hudson 和 NEC 对于 CD-ROM² 上市之后的游戏开发和供应体制等都做了精心的准备。

在 1988 年，当时的个人电脑上配备的光驱价格大约为 40 万日元，十分昂贵，而且其应用软件也仅限于辞典和黄页这一类，完全没有充分利用 CD-ROM 大容量的特点，现在看起来着实有点“暴殄天物”的感觉。由于当时连硬盘还没有大规模普及，因此软件厂商必须要从零开始准备开发所需要的各种软硬件环境。据说当时的软件厂商会将程序部分存储在磁带上，将 CD 音源部分录制在 DAT（Digital Audio Tape，是用于制作 CD 母带的一种数字音频磁带）上，然后将两者一起交给 NEC 来刻录成 CD-R 光盘[②]。

CD-ROM² 在上市之初是将产品拆分为“CD-ROM 组件”（含税价格 32800 日元）和“接口组件 + 系统卡”（27000 日元）两部分单

① 为了表达简洁，以下将 CD-ROM 驱动器简称为光驱。

② 全称 CD-Recordable，即现在十分常见的可刻录 CD 光盘。这里 CD-R 并非最终的成品游戏光盘，而是作为批量压制 CD-ROM 所使用的母盘的数据源。

独销售的，这是因为当时 CD 播放机算作音响设备，需要征收物品税[①]，因此厂商这样做的目的是为了降低产品的整体价格[②]。后来随着消费税的实行，物品税同时废除[③]，CD-ROM² 也开始将这两部分捆绑销售了。

此外，CD-ROM 组件本身配备了音量旋钮和播放按钮，因此也可以单独作为便携式 CD 机来使用。

系统卡中预装了 CD-ROM² System 启动时所需的基础程序，通过安装新版本的系统卡，玩家可以对系统的功能进行扩展（主要是增加内存容量）。这种方式和现在的系统固件升级非常相似，但在当时，这种通过升级软件来改良产品的想法还十分罕见，而这种做法也的确在一定程度上延长了 CD-ROM² 的产品寿命。

和 PCE 一样，CD-ROM² 也经历了频繁的改款，形成了一个种类丰富的产品群。其中卖得最好的当属 PCE 与 CD-ROM² System 的合体机型 PC Engine Duo。这款产品的外形设计十分清爽美观，得到了不少好评，还获得了 1991 年的通商产业省优秀设计奖。

PC Engine Duo 废除了原机型背面的扩展接口，实质上相当于放弃了 PCE 开发之初所提出的“核心计划”。在这款机型之后，还推出了概念相同的廉价版机型 Duo-R 和 Duo-RX，下面我们来简单介

---

① 物品税是日本从 1940 年起实行的一种间接税，其主要特征是对生活必需品免征或少征税，而对奢侈品、娱乐产品等生活非必需品多征税。

② 因为接口组件和系统卡不属于物品税的征税对象，所以将其拆分出来之后可以降低整个系统的总价。

③ 从 1989 年 4 月 1 日起，日本开始实行一般消费税，除土地、医疗等部分特例外，对所有的商品和服务都统一征税，税率最初为 3%，1997 年增至 5%，2013 年增至 8%。

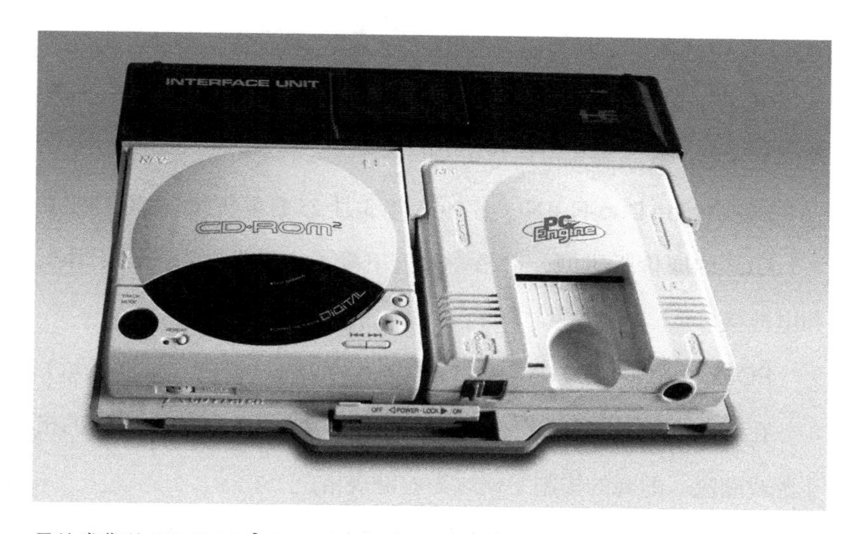

最终发售的 CD-ROM^2 System 和 50 页上的概念设计图几乎一模一样。这个组合还附带一个盖子，便于玩家整体携带

绍一下这些机型。

SUPER CD–ROM^2（NEC，1991年12月13日发售，47800日元）

SUPER CD-ROM^{2}相比普通的CD-ROM^{2}增加了内存容量（普通的CD-ROM^{2}只要装上前面提到的新版系统卡，也可以升级成SUPER CD-ROM^2），并且将接口部件和CD-ROM部件进行了整合，可以直接连接PCE主机。

PC Engine Duo（NEC，1991年9月21日发售，59800日元）

PCE与SUPER CD-ROM^{2}的合体机型，搭配另售的专用电池和液晶显示器，在室外也可以玩游戏。

PC Engine Duo-R（NEC，1993年3月25日发售，39800日元）

Duo的廉价版机型，价格一口气下降了2万日元，废除了耳机和电池接口。

PC Engine Duo-RX（NEC，1994年6月25日发售，29800日元）

在Duo-R的基础上进一步降低价格的版本，为了迎合当时的格斗游戏潮流，配套的控制手柄改为6键规格。

Laser Active（先锋，1993年8月20日发售，89800日元）

这是一款先锋推出的LD[①]播放机，通过连接“LD-ROM^{2}扩展包”（39000日元）就可以玩PCE、CD-ROM^{2}和LD-ROM^{2}的游戏。NEC也推出了相同的OEM产品。

CD-ROM^{2}的最大功绩莫过于充分运用了CD-ROM的大容量，使得过场动画、真实乐器演奏的音乐以及真人语音成为可能。在容

① 全称Laser Disc，是一种主要用于存储视频的光存储媒体，主要采用30cm规格的光盘，比CD（12cm规格）要大很多。

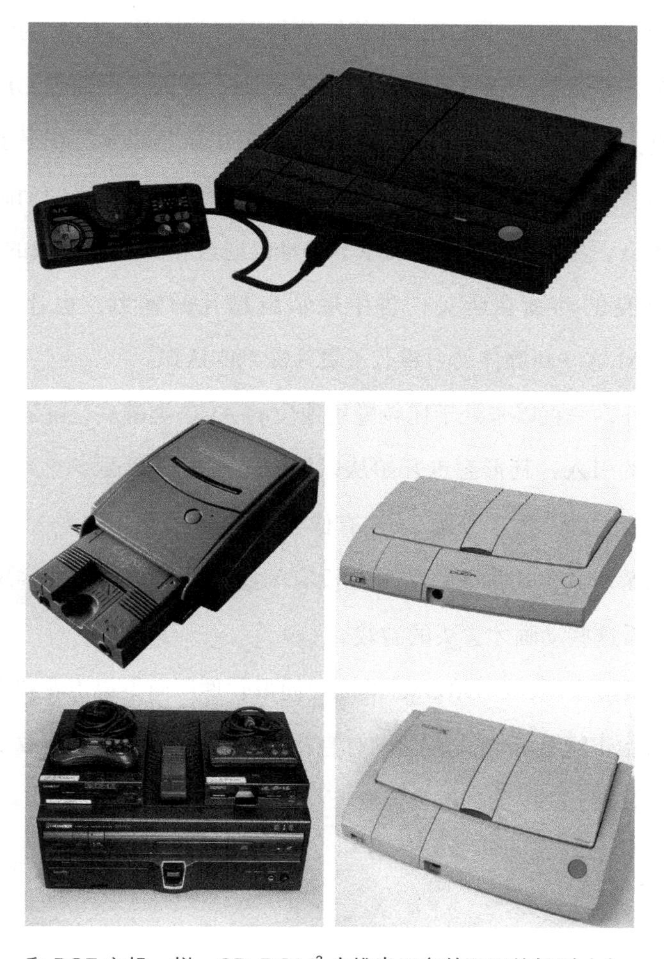

和 PCE 主机一样，CD-ROM² 也推出了多款不同的机型（上：PC Engine Duo，左中：SUPER CD-ROM²，右中：PC Engine Duo-R，左下：Laser Active，右下：PC Engine Duo-RX）

量捉襟见肘的卡带时代，游戏开发过程中经常会将与游戏性没有直接关系的演出给砍掉，在有了 CD-ROM² 之后，游戏可使用的容量接近于无限，多少过场动画都能够放得下了。而且，PCE 的画面颜色鲜艳，非常适合播放赛璐璐风格的动画，再加上可通过 CD 音源播放真人语音，将知名声优的表演与动画相结合的方式获得了巨大的成功。其中《天外魔境 II 卍 MARU》[①] 和《伊苏 I/II》[②] 的动画制作尤其精良，尽管 RPG 类游戏原本很难仅通过画面传达游戏的精髓，但其精良的动画在店头广告中展示出超凡的魅力，也让玩家对 CD-ROM 这一新媒体的力量有了更为深刻的认识。

此外，一直以来处于比较尴尬地位的 AVG 类游戏，随着动画和全语音的引入，其形态也开始从以解谜为主的游戏逐步变为以故事和影像为主的“数字漫画”。还有像《兽王记》《出击飞龙》[③] 等街机移植的游戏，也追加了一些原本没有的过场动画，甚至有些玩家就是为了看这些动画才去买的游戏。

但反过来说，CD-ROM² 的出现使得软件厂商不得不花费大量的精力来制作这些和游戏本身没有直接关系的动画，从而形成了一股在视觉效果上拼财力的不良风气。

---

① 开发厂商为 Hudson。

② 原名 *Ys I/II*，原版（PC 版）的开发厂商为日本 Falcom，PCE 版本的移植和开发由 Hudson 完成。

③ 原名 *Strider*，开发厂商为卡普空。

MEGA-CD：PCE 的挑战者

MEGA-CD 是世嘉于 1991 年 12 月 12 日推出的一款 MD 周边设备。和 PCE 的 CD-ROM² 不同的是，MEGA-CD 的设计是叠放在 MD 主机的下方，通过向前弹出的托盘来装载光盘。不过，为了降低价格，后来推出的 MEGA-CD 2 也改为像 CD-ROM² 一样通过手动开闭顶部舱盖来放入和取出光盘的方式。

MEGA-CD 并不仅仅是一台光驱，它还内置了 CPU（68000），从而能够提升运算速度和声音、图形性能。同时，为了缓解 PCE 的 CD-ROM² 上读盘时间过长的问题，MEGA-CD 还配备了大容量的内存。当然，羊毛出在羊身上，MEGA-CD 的价格达到了 49800 日元，比同期的 CD-ROM² 要贵了不少。

由于 MD 的强项原本在于对街机游戏的移植，因此 CD-ROM 所带来的大容量并没怎么受到玩家的欢迎。实际上，像《战斧 II》[①]《街霸 II Dash Plus》《噗哟噗哟》[②] 等街机名作都是采用卡带的方式发售的。据说 MD 玩家中只有大约 10% 购买了 MEGA-CD，和世嘉的预期相差甚远。

---

① 原名 *Golden Axe II*，开发厂商为世嘉。

② 原名 *Puyo Puyo*，开发厂商为世嘉。

和 MD 叠放在一起的 MEGA-CD，采用了统一的全黑配色和硬派设计，让人感觉是一款面向重度玩家的产品

也许是为了应对 NEC 阵营频繁的改款，世嘉也推出了各种不同的 MEGA-CD 机型，包括其他公司发售的机型在内一共有下列五款。此外，在 MD 势如破竹的日本国外市场上，也推出了一些独有的机型。

MEGA–CD 2（世嘉，1993 年 4 月发售，29800 日元）

MEGA-CD 的廉价版，改为与 CD-ROM^2 相似的手动开闭 CD 舱盖的设计，结构的简化也是为了进一步降低价格。

Wondermega（日本 Victor，1992 年 4 月 1 日发售，82800 日元）

将 MD 与 MEGA-CD 整合在一起的兼容机型，尽管采用从顶部放入和取出光盘的设计，但 CD 舱盖是自动开闭的，这样的设计非常罕见。本机配备了 S 接口等各种接口，但作为一款游戏机来说它的定价实在太贵了，因此销量也少得可怜。

MEGA-CD 的各种不同机型（左上：Wondermega，左下：Wondermega 2，右上：MEGA-CD 2，右下 CSD-GM1）

Wondermega 2（日本 Victor，1993 年 7 月 2 日发售，59800 日元）

Wondermega 的廉价版，省略了 MIDI 等接口，CD 舱盖改为手动开闭方式，其特点是控制手柄可以通过红外线方式无线操作。

CSD-GM1（爱华（Aiwa），1994 年 9 月 1 日发售，45000 日元）

这款产品的设计非常奇葩，是将 MD、MEGA-CD 加上磁带和收音机组合成了一台音响。由于本机并没有内置液晶显示屏，因此便出现了“把一台组合音响摆在电视机前面玩游戏”这种诡异的场景。你说它能便携吧，没有屏幕又不能玩游戏，这样的产品设计让人感觉有些鸡肋。

Laser Active（先锋，1993 年 8 月 20 日发售，89800 日元）

和我们在 CD-ROM² 一节中所提到的是同一款产品，通过连接“MEGA-LD 扩展包”可以玩 MEGA-CD 和 MEGA-LD 规格的游戏。

PlayStation：鲜为人知的任天堂光驱计划

PCE 的 CD-ROM² 大获成功，同样面临容量问题的世嘉也推出了 MEGA-CD，那么任天堂又会拿出什么法宝呢？其实，任天堂当时也在计划开发一款 SFC 的配套光驱。

当时索尼与任天堂的关系十分亲密，索尼不仅参与了 SFC 音源相关部分的开发，而且 SFC 的开发环境也采用了索尼的 NEWS 工作站。在这样的背景下，任天堂和索尼联合开发一款光驱产品也就成了顺理成章的事。任天堂和索尼签署了一份合约，其中约定任天堂将以自己的商标通过玩具渠道来销售 SFC 的外置光驱产品，而索尼则可以通过家电渠道销售 SFC 与光驱一体的兼容机型。这款产品的开发代号叫作 PlayStation，尽管后来索尼取代任天堂而称霸游戏市场的那个 PlayStation 并非同一款产品，但它的大名从这时就已经诞生了。

然而，在 1991 年 6 月芝加哥举办的 CES 国际消费电子展上，索尼发布了其 PlayStation 的原型机，与此同时，任天堂却突然宣布将与荷兰飞利浦（Philips）公司联合开发光驱产品。在任天堂这一决定的背后，山内溥总裁的女婿，时任 NOA（任天堂美国）总裁的荒川实[①]曾向山内溥强烈建议停止与索尼的合作，理由是担心索尼一手掌握 CD-ROM 的生产设备和授权。

这就是当时的 PlayStation 原型机。据说在 CES 上不但展示了这款原型机，还演示了由索尼音乐娱乐开发的游戏作品

当时，任天堂通过独揽卡带的生产权，对签署第三方合约的厂商实行铁腕政策，但 CD-ROM 的情况则不同，其生产设备和授权都

① Minoru Arakawa，1946—。

掌握在索尼的手里。这样一来，一旦光驱产品上市，原本建立的主从关系就可能被颠覆。

面对任天堂和飞利浦的这份突如其来的声明，索尼当然也对任天堂的背叛行为提出了严正抗议。对此，任天堂单方面宣称“和索尼的合约依然有效，索尼可以继续开发 SFC 的光驱产品，只不过任天堂不会采纳”。另一方面，索尼试图通过索尼音乐娱乐（Sony Music Entertainment）进军游戏软件市场的计划令山内溥勃然大怒，双方开始抓住对方的过错不放，彼此的关系也陷入了僵局。由于双方最终无法达成一致，PlayStation 的开发计划被迫搁浅，但任天堂与飞利浦的光驱开发计划最后也不了了之。

在这次事件中对于任天堂的怨念，让索尼下定决心走上了自主开发游戏机的道路，并最终于 1993 年推出了 PlayStation。

卡拉 OK 与游戏试玩版：CD-ROM 的新应用

CD-ROM 不仅在游戏软件媒体领域大展身手，还发展出各种丰富的应用。

首先，可以通过直接播放 CD 音源来实现 CD 卡拉 OK 的功能。当时的业界制定了一种叫作 CD-G（CD Graphics）的标准，可以在播放 CD 音源的同时显示静态图像画面，标准一出，各种相配套的播放机也相继推出。CD-ROM² 和 MEGA-CD 都支持 CD-G 标准，还分别推出了各自的卡拉 OK 周边设备 ROM² Amp 和 MEGA-CD Karaoke。

另一个应用则是用来发布游戏的免费试玩版。传统的卡带生产成本高，注定其无法成为一种可以免费发放的存储媒体，但CD-ROM复制起来十分廉价，免费发放毫无压力。玩家可以通过参加游戏展以及门店的促销活动拿到试玩版，实际玩过之后再去购买正式版，这带来了一种崭新的商业模式。游戏杂志《月刊PC Engine》（小学馆）则首创了随杂志附送CD-ROM光盘（包含PCE游戏目录和新作试玩版）的新模式，这无疑是CD-ROM所独有的魅力。

这种利用试玩版来进行促销的手法，在1995年之后PlayStation与Sega Saturn的争夺战中愈演愈烈，1996年末索尼电脑娱乐（Sony Computer Entertainment）甚至开展了一次规模空前的大促销，共发放了100万张试玩版游戏。

当时还没有专门的KTV门店，因此市场对于家用卡拉OK设备和软件有一定的需求。图为世嘉的MEGA-CD Karaoke

第二次游戏机战争续篇：CD-ROM² vs MEGA-CD

作为一款 PCE 周边设备，CD-ROM² 的出现引发了巨大的冲击。当时，电脑上所使用的 CD-ROM 还没有得到普及，音乐的媒体也才刚刚开始从唱片向 CD 过渡，尽管人们开始接触 CD 的机会开始变得越来越多，但面对这样一张通常用来存储音乐的银色塑料片，当时的人们还很难想象"把游戏装在里面"是一种怎样的感觉。

在谁都没有想到"用 CD-ROM 作为游戏媒体"的时候，Hudson 和 NEC 提出了这一新概念，并成功实现了商品化，不得不说是非常具有先见之明的一大壮举。

不过，创新归创新，实际上消费者买不买账却又是另一回事了。CD-ROM² 上市的同时推出了两款游戏，分别是卡普空人气格斗游戏的移植版《街霸》[①]，以及和小川范子[②]模拟约会的 AVG《No・Ri・Ko》。尽管真实乐器演奏的音乐音质非常好，小川范子的声音也得以完美再现，但反过来说，这样的内容并不能说是多么具有颠覆性，只要有足够的容量，用 Hu Card 照样能实现相同的效果。

> "声音是很好听，但我不想就为了这个买一台 6 万日元的周边设备。"

这其实是当时消费者的一句真心话。消费者这样想也不稀奇，

---

① 原名 *Fighting Street*（街霸系列本来的名称为 *Street Fighter*），为街机版的移植版，是由 Alfa System 开发，并由 Hudson 发售的。

② Noriko Ogawa，1973—，是一位日本女演员、偶像歌手。

因为有这些钱可以买到十几套 Hu Card 上的游戏。而且身为一款对战格斗游戏的《街霸》，每打一局都要花上很长的时间来读盘，严重拖慢了战斗节奏。结果，在这个时间点上只有少数重度玩家才会购买 CD-ROM²。

现在回想起来，Hudson 自己应该也很清楚，光靠这两款游戏是很难让市场接受 CD-ROM 这一新兴媒体的。笔者认为，这两款游戏可以说是 Hudson 在开拓“全新媒体”的过程中不断试错的“里程碑”之一。

就在这个时候，在电脑游戏领域已经通过引入动画而尝到甜头的日本 Telenet① 开始关注 CD-ROM²，并将旗下电脑游戏作品移植到 CD-ROM² 平台上，相继推出了《梦幻战士 Valis II》② 和 *SUPER Albatross* 两款游戏。全语音、华丽的过场动画，这些卡带游戏机所无法实现的效果，才是 CD-ROM 真正的发力点。

经过不断的尝试，在 CD-ROM² 上市一年之后的 1989 年 12 月 21 日，CD-ROM² 上终于诞生了第一部人气大作，它就是《伊苏 I/II》。尽管从发售时间逆推来看，之前提到的几款作品对本作的开发很难说有多少直接的影响，但本作的完成度之高，堪称 Hudson 在 CD-ROM² 软件开发上通过整整一年的积累而孕育出的集大成之作。

《伊苏》原本是日本 Falcom 推出的一款电脑游戏，I 和 II 其实是一个完整故事的上下两部分。正如《伊苏 II》的广告语“从温柔到感动”所表达的一样，这款游戏的重点并不是解谜和战斗，而是靠

① 该公司已于 2007 年破产。

② 实际开发团队为 Wolf Team。

剧情来吸引玩家，这样的理念和 CD-ROM^2 配合起来简直是天衣无缝。和电脑上的原版相比，CD-ROM^2 版无论是画面、声音还是演出效果上都得到了加强，可以毫不夸张地说，这款游戏的推出证明了 CD-ROM 这一媒体的可能性。

《伊苏 I/II》的成功使得价格昂贵的 CD-ROM^2 快速普及开来，也让 CD-ROM 媒体从可有可无一跃成为了居家旅行之必备佳品。

在多款移植作品中堪称最高杰作的 PCE 版《伊苏 I/II》，华丽的过场动画大大增强了玩家的代入感

在 CD-ROM^2 加速普及的同时，世嘉也开始着手推进 MD 配套光驱产品的开发。由于 MD 主机和 CD-ROM^2 几乎是在同一时期发售的，因此 CD-ROM 很有可能本来就包含在 MD 的开发计划之中。

由于世嘉推出 MEGA-CD 的最主要目的就是要与 PCE 进行直接竞争，因此这款产品在设计上不仅是一台光驱，而且还能够对 MD 主机的功能进行扩展和升级。不过，同时推出的游戏只有《重装诺瓦》[①]（Micronet）和 *Sol-Feace*（Wolf Team[②]）两款，作为首发游戏来

① 原名 *Heavy Nova*。

② 现已并入万代南梦宫的子公司 Namco Tales Studio。

说名气实在不够响，而且也没有充分发挥 CD-ROM 的特性。换句话说，世嘉重蹈了当初 Hudson 在 CD-ROM² 早期时的覆辙。

推动 MEGA-CD 平台游戏发展的并非作为硬件厂商的世嘉自身，而是日本 Telenet、Wolf Team、Game Arts 等第三方软件厂商。和 CD-ROM² 一样，日本 Telenet 以华丽的动画为武器，在 MEGA-CD 上也推出了多款游戏。Wolf Team 则由于为夏普的 X68000 个人电脑开发 过多款游戏，因此自然而然地加入了采用同型号 CPU 的 MD 阵营。

Game Arts 从 MEGA-CD 的开发阶段就开始参与，在 MEGA-CD 的软件技术方面颇有建树。Game Arts 不仅推出了 *LUNAR: The Silver Star*、*LUNAR2: Eternal Blue*、*Silpheed*、*Yumimi Mix* 等多款 MEGA-CD 平台上的名作，而且还在其作品中加入了一些实验性的要素，例如 *Silpheed* 在游戏的背景画面播放视频，而 *Yumimi Mix* 则是一款不显示任何台词和消息的 AVG（Game Arts 将其称为“互动漫画”）。

然而，也许是因为 MEGA-CD 过于强调其高性能，并没有像 CD-ROM² 一样赢得软件厂商的广泛支持，而且 MD 平台的大多数游戏依然采用卡带来发行，实际上，能够发挥 MEGA-CD 性能的游戏寥寥无几。

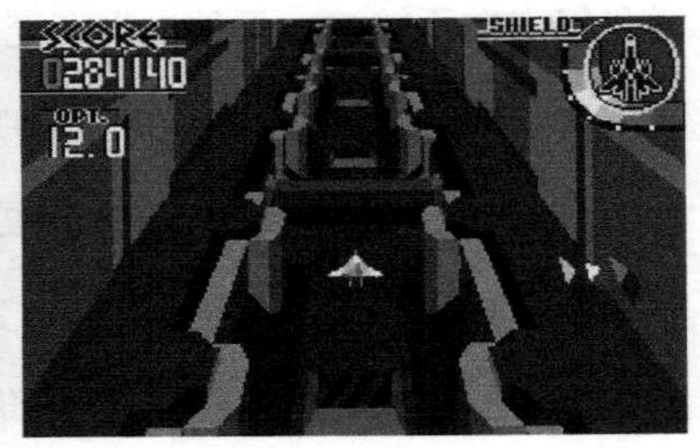

MEGA-CD 游戏 *Silpheed*，MD 本身并不支持 3D 多边形绘图，因此本作采用在背景播放视频的方式来模拟 3D 的效果

任天堂并未推出相应的光驱产品，因此与第二次游戏机战争的“续篇”回合失之交臂。也许是需要为 SFC 光驱计划的流产找个正当的理由，任天堂开始不遗余力地贬损 CD-ROM，说它读取速度慢、小孩子不容易操作等等，借此来强调卡带的优势。结果，任天堂在其下一代游戏机 NINTENDO64 上依然没有采用 CD-ROM，这是一个逆历史潮流而动的决策。

假如任天堂和索尼联合开发的光驱产品能够顺利问世，先不说索尼和任天堂之间能否保持力量的平衡，至少索尼很有可能不会单独进军游戏市场，任天堂在游戏机领域的霸主地位也许会更加稳固。

另一方面，NEC 和 Hudson 在 CD-ROM² 的动画战略中尝到了甜头，因此将其下一代游戏机产品 PC-FX 打造成了一款为播放动画特别强化的产品。这样看来，CD-ROM 媒体刚刚崭露头角的 1990—1993 年这段时间，对各大游戏机厂商的产品战略都产生了巨大的影响。

第二次游戏机战争续篇　各厂商出货数据

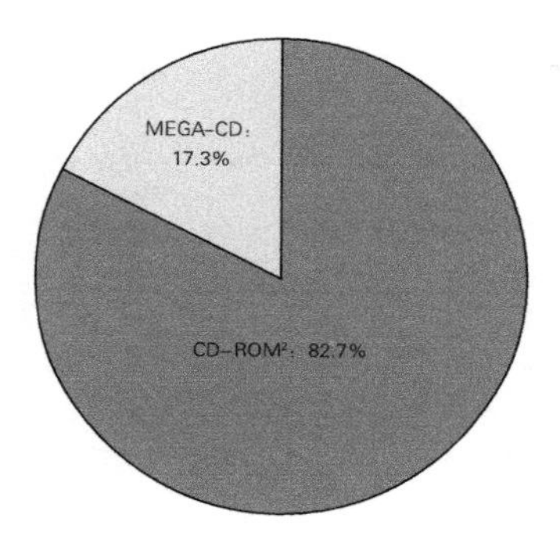

日本国内份额

游戏机	日本国内销量	全球销量
CD-ROM²（NEC Home Electronics）	192 万台	不详
MEGA-CD（世嘉）	40 万台	600 万台

第5章

从2D到3D的新技术革命

PlayStation vs Sega Saturn vs NINTENDO64

1994-1999

1994 年：新一代游戏机争夺战前夜

1993 年末到 1994 年，游戏行业再度掀起波澜。在市场份额的争夺中，任天堂依然稳坐钓鱼台，但其制定的高额授权费制度，以及对流通渠道的严格控制，使得游戏软件开发的风险越来越高，第三方软件厂商也越发感到不堪重负。特别是卡带不仅造价昂贵，而且生产周期长，生产排期调整困难，因此软件厂商只能一开始就决定好生产的数量，一掷赌乾坤。这样一来，一旦缺货就很难在短时间内补充，从而错过宝贵的商机；反过来说，一旦滞销则会造成大量库存的积压，而且由于任天堂不接受退货，最后只能低价甩卖，这无疑是软件厂商和零售店的噩梦。尽管当时的形势还没有达到 1982 年爆发的 Atari Shock 这般境地，但在任天堂一家独裁下的游戏行业已经宛如一潭死水，革命一触即发。

与此同时，在街机领域中南梦宫的《山脊赛车》[1] 和世嘉的《VR 战士》[2] 两大系列迅速蹿红。这些运用了 3D 多边形这一新兴技术的游戏，正在离家用游戏机不远的世界中掀起新的波澜。这时，3DO 和索尼相继发表声明决定进军游戏行业，世嘉和 NEC Home Electronics 也随即发布了其新一代游戏机产品，这标志着新一代游戏机争夺战的大幕已经拉开。第三次游戏机战争有三大关键词，分别是“CD-ROM”“3D 多边形”和“视频播放”。五大游戏机厂商围绕上

① 原名 *Ridge Racer*。

② 原名 *Virtua Fighter*。

面这三大主题，纷纷使出浑身解数推出了自家的新产品。

PlayStation：从全新视角重新定义游戏机

PlayStation（以下简称 PS）是索尼电脑娱乐（简称 SCE）于 1994 年 12 月 3 日推出的一款家用游戏机，发售价格为 39800 日元。SCE 是由索尼和索尼音乐娱乐对半出资成立的一家子公司，并非由索尼总公司直接领导，从这一点也可以看出，在索尼内部对这一新事业并没有抱有多大的期待。实际上，在索尼总公司内部，很多人甚至说“我堂堂索尼居然要去卖游戏?”，他们担心索尼品牌因此会受到损害。

1992 年 6 月 24 日，在索尼的经营会议上，大家正在讨论索尼是否要进军游戏行业，负责游戏机产品开发的久多良木健[①]在会上对情况进行了说明。久多良木健说，现在原型机基本上已经完成了，“难道我们真的要就此止步吗？那样的话，索尼一辈子都将沦为别人的笑柄！”结果，时任索尼总裁的大贺典雄[②]正式决定启动“PS-X 计划”。最终的产品名称 PlayStation 取自“用来玩游戏（play）的工作站（workstation）”之意，同时它也和我们在上一章中提到的为 SFC 开发的光驱产品的名字一模一样。尽管有人提出，和这样一款胎死腹中的产品用同一个名字实在是不吉利，但由于 PlayStation 商标已经在全球注册，因此只好原封不动地沿用了。

---

① Ken Kutaragi，1950—。他的名字正确的写法是“久夛良木健”，由于“夛”是“多”的异体字，且为生僻字，因此通常译作“久多良木健”。

② Norio Oga，1930—2011。

PS 的基础是由久多良木健开发的一种商用图像处理系统 System G。这一系统原本用于视频和电视节目的实时处理，但高速图像处理技术和游戏本来就有着天然的缘分，于是 SCE 决定以这一系统为核心开发其新的游戏机产品。以前的游戏机无论是背景还是角色都是平面的，而 PS 则完全是为 3D 处理而生。“只要能表现三维画面，那么二维画面自然不在话下”，在这种“一切为了 3D”的设计思想下，PS 实现了超群的 3D 性能，但由于不具备 2D 的专用功能，因此对于一些纯 2D 的游戏其表现力就有点捉襟见肘了。另一方面，由于配备了视频播放专用芯片，再加上 CD-ROM 的大容量，为游戏片头动画的广泛运用创造了条件。

PS 的设计十分中规中矩，尽管是一款娱乐产品，但外形给人感觉十分沉稳。此外其控制手柄采用了人体工学设计，握感非常出色

尽管 PS 具备出色的图像和声音处理技术，但 SCE 对它的定位是一款纯粹的游戏机。当时，很多电脑上已经配备了光驱，可以通过 CD-ROM 欣赏视频和音乐，“多媒体”这一概念正被炒得火热，

但 SCE 却彻底否定了这一概念，通过“游戏机”这一浅显易懂的名字，向消费者清晰地传达产品的定位。

这一理念也体现在产品的设计上，PS 主机采用全球统一设计，无论男女老幼，对于世界上任何人都能够做到清晰易懂。主机采用了以灰色为主的配色，使它放在任何房间里都不会显得突兀。此外，PS 主机表面还进行了磨砂处理，这在索尼的产品中十分罕见。

PS 的电源按钮和 CD 舱盖开启按钮采用了方便按压的圆形大按钮设计，而且其电源按钮上配备了 LED 指示灯，CD 舱盖开启按钮则设计了一条与 CD 舱盖相连的沟槽，无需文字就可以让用户快速理解这些按钮的功能。同时，为了避免不小心按到，复位按钮则被设计得比较小，手感也比较硬。此外，PS 的控制手柄按钮上的字样也没有采用传统的“ABC”，而是两三岁小孩也能够理解的“○×△□”符号。

正是由于 SCE 是一家半路出家的游戏公司，因此才能够不受固有观念的束缚，以自由的想象力对主机、控制手柄等所有的要素一个一个地重新进行定义。

此外，在软件厂商和客户的挖掘方面，SCE 也不断积极地推陈出新。作为 SCE 股东之一的索尼音乐娱乐将唱片公司的模式积极引入游戏行业，在这样的理念下，游戏的开发者不再是软件厂商的员工，而是和作词家作曲家一样的制作人。这样一来，以前几乎不为玩家所知的游戏开发者从幕后走到了台前，开始扮演越来越重要的角色，玩家选择游戏也开始更加看重开发团队的名号而不是厂商的名号。

SCE 还举办了一些如“数字娱乐计划”“来做游戏吧！”等挖掘游戏制作人的“选秀”活动，从中诞生了一批充满新创意的游戏作品，如《XI》[①]《随身玩伴多罗猫》[②] 等。

游戏《未来机甲》[③] 的封底，其中展现了游戏制作人的照片，这种宣传手法在游戏软件中还是第一次使用

和任天堂 NINTENDO64 的少数精锐体制相反，PS 阵营可谓是百花齐放，打着“所有游戏在此集结”的旗号，SCE 有意创造一种错落有致的市场格局。SCE 不像任天堂、世嘉一样拥有“马里奥”“索尼克”这样的金字招牌，为了在短期内扩充游戏软件阵容，SCE 采用了“沙里淘金”的策略，从大量平庸的游戏作品中挖掘出

① 读作“sai”，是一款玩法创新的解谜游戏，开发者为“来做游戏吧！”活动中入围的一个大学生团队，后来成立了游戏软件公司 Shift。
② 原名“どこでもいっしょ”，是一款和虚拟角色对话的模拟养成类游戏。
③ 原名 *Kileak: The Blood*，开发厂商为 GENKI，由 SCE 发行。

真正的名作。

结果，SCE 以比其他对手更低的授权费吸引了一大批游戏制作人加入 PS 阵营，迈出了成功的重要一步。

SCE 为游戏行业所带来的革命还波及生产和流通领域。上一章我们提到过 PS 诞生的契机以及索尼和任天堂之间的恩怨，因此 PS 配备光驱已经是板上钉钉的事，再加上索尼集团拥有压制光盘的生产线，比其他公司的产量大、周期短、价格便宜。借助这些优势，SCE 提出了一种以快速滚动为核心的商业模式，即在零售店只保留最低限度的库存，一旦发生缺货可以在最短 6 天之内追加生产。此外，SCE 利用成本优势将游戏的零售价格定为 5800 日元，而且还引入了一种新的销售模式，将发售一段后已经停止周转的游戏以 2800 日元的廉价版形式重新发售（这种做法也是为了对二手游戏交易进行牵制）。

上述这些创新的模式，都来源于索尼集团在唱片行业所积累的经验，但这些改革也并非一帆风顺。SCE 将游戏软件像音乐 CD 一样在零售店实行强制定价，这种做法被公平交易委员会根据反垄断法提出了警告，此外随着游戏数量的大幅增加，对每款游戏进行精细的滚动管理变得越来越难，之前提出的快速滚动模式也变得有名无实。尽管如此，降低游戏价格以及推出廉价版这些做法，为玩家和厂商都带来了好处，这些都是索尼模式中值得肯定的要素。

为了充分发挥量产效应，PS 在保持外观不变的同时，对内部设计进行了多次调整，后期型号的内部主板面积只有早期型号的三分之一，降低了成本，即便半价销售也能够保证足够的利润。以上述小型化主板为基础，SCE 在 PlayStation 2 上市后的 2000 年 7 月，以 15000 日元的低价推出了 PS one，以旗舰机型 PlayStation 2 小弟的身份投放市场。

从中间光驱的大小可以想象出 PS one 的小巧身材，图中是连接了另售的专用液晶显示屏之后的样子

Sega Saturn：做最强的街机移植机

Sega Saturn（以下简称 SS）是世嘉于 1994 年 11 月 22 日推出的一款家用游戏机，发售价格为 44800 日元。Saturn 这个名字来自太阳系的第六颗行星“土星”，原本只是一个代表“第六代家用游戏

机”的开发代号，后来由于各大游戏杂志已经把这个代号宣传得铺天盖地了，因此就直接用作了产品名称。

SS 的游戏媒体同时采用了 CD-ROM 和卡带两个体系，但世嘉自己的游戏没有一款是以卡带形式发售的，全部都是 CD-ROM 形式。

SS 采用了全新的设计，与上一代机型 MD 不兼容。和几乎完全自主研发的 PS 不同，SS 的开发团队是世嘉与日立制作所、日本 Victor（现：JVC Kenwood）、雅马哈等公司组成的“多国部队”。在这样的体制下，各公司可以充分发挥自己的特长，但反过来也带来了内部结构过于复杂，难以进一步降低成本的弊病。这一设计上的战略失误一直拖着 SS 的后腿，导致其在与对手的价格战中处于十分不利的地位。

也正是出于多家公司联合开发的原因，日立制作所和日本 Victor 也分别推出了各自的兼容机型 Hi-Saturn 和 V-Saturn，这两款机型都是通过家电渠道销售的。此外，还有一些特殊颜色的机型，如“透明版 SS”“玩具反斗城[①]限定版 SS”等。

① 玩具反斗城（ToysRUs）是一家美国大型连锁儿童玩具卖场。

SS 上推出了以《VR 战士》为首的一些世嘉的人气 3D 格斗游戏。图为 SS 及其兼容机型，除 Game&Car Navi Hi-Saturn 以外，其余机型在性能上都是基本相同的

V-Saturn（日本 Victor，1994 年 11 月 22 日发售，44800 日元）

由世嘉生产的 OEM（贴牌）产品，规格与 SS 完全一致，只是外观颜色改为紫色系而已。

Hi-Saturn（日立制作所，1995 年 4 月 1 日发售，64800 日元）

和 V-Saturn 一样，也是由世嘉生产的 OEM 产品，外观颜色为深灰色系。这款机型配备了独有的扩展卡 Hi-Saturn Card，增加了播放 VCD 和照片 CD 的功能。此外，日立还推出了独有的周边设备“卡拉 OK 组件”，使得用户可以在 SS 上唱卡拉 OK。

Game&Car Navi Hi–Saturn（日立制作所，1995 年 12 月 6 日发售，150000 日元）

这款机型并非基于 SS 进行设计，而是全新设计的产品，继承了上一代 Hi-Saturn 机型的所有功能，并且将原来作为选配功能的卡拉 OK 组件改为标配功能。这款机型的开发定位是车载设备，不仅具备行车导航功能，而且比其他 Saturn 系列机型外形都要小巧一些。尽管价格昂贵，但其性能参数在所有 Saturn 系列机型中是最高的。本机还可选配专用液晶显示屏。

SS 原本是要设计成一款具备究极 2D 表现力的游戏机，可计划赶不上变化，随着自家街机游戏《VR 战士》的火爆，在街机市场上全面 3D 化已然势不可挡，因此世嘉决定转变方针，通过对 2D 技术进行延伸来模拟绘制 3D 多边形。在这样的背景下，尽管初期设计时完全没有考虑 3D，但由于世嘉在街机游戏中积累了 3D 方面的经验，再加上及早转变了设计方针，从结果来看，在 3D 领域的竞争中还是取得了不错的成绩。

尽管SS没有在硬件层面提供标准的视频播放功能，但仍然可以通过软件来进行播放，因此其画质虽然没有超越其他竞争对手，但也还算是说得过去。和其他竞争对手一样，SS上的游戏也在开场动画等场景中大量运用了视频播放，而且还出现了像《D之餐桌》[①]这样以视频为主要元素的游戏作品。

SS依然沿袭世嘉一贯的基本战略，即充分利用其街机游戏的品牌力和人气，主打“在家里也能玩街机游戏”这张移植牌。值得一提的是，SS所擅长的2D领域中，有很多格斗游戏和射击游戏移植水平都非常高，其中很多作品的完成度令其他竞争对手无法企及。

另一方面，《VR战士》等3D游戏尽管没有实现完美移植，但就当时的水平来说，也算是十分良心了，这一点也赢得了很多玩家的支持。但《刺猬索尼克》、《梦幻之星》等MD时代的名作却没有在SS平台上推出，这一软件战略上的失误令很多老玩家倍感失望。尤其是在索尼克人气颇高的北美市场上，这一失误可以说是致命的，最终导致SS成了世嘉历代游戏机中销量最差的一款，留下了一段屈辱的历史。

NINTENDO64：Project Reality的雄心壮志

NINTENDO64（以下简称N64）是继SFC之后的新一代游戏

① 原名“Dの食卓”，是一款非常独特的悬疑游戏，开发厂商为Warp，由Acclaim Entertainment发行。这款游戏最早是推出在3DO平台，后来才移植到PS和SS。

机，发售于1996年6月23日，售价25000日元。游戏软件媒体依然采用传统的卡带，而且与SFC不兼容。

纯黑的配色加上大量曲面的造型令人眼前一亮，控制手柄和卡带则采用SFC时代传统的灰色，可能是为了让老玩家感觉更亲切

本机的外形设计非常独特，采用了纯黑的配色和大量的曲面造型，在任天堂的游戏机中属于罕见的异类，但也的确给人留下了深刻的印象。这次任天堂也采取了统一设计的策略，全球所有国家和地区出售的机型都使用相同的产品名称、主机外观和配色（而此前的任天堂产品在不同国家都采用了不同的产品名称和设计规格）。顺带一提的是，这种大量曲面的造型是用计算机借助3D CAD进行设计才得以实现的。

然而，这样的设计在日本国内的反响貌似不是太好，因此任天堂也做了一些变通，推出了各种不同配色的控制手柄，甚至还推出了一些限定版配色的主机，比如当时非常流行的半透明版本、玩具反斗城限定版本、福冈大荣鹰队[1]联赛冠军纪念版等，试图将 Game Boy 上的成功模式复制到家用游戏机领域来。此外，任天堂还在后期用全新模具推出了皮卡丘造型的版本。

N64 的最大特征不是主机，而是它的控制手柄。这个三叉戟形状的手柄中间配备了一个名为 3D Stick 的模拟摇杆，握住手柄的中间部分，就可以用拇指来操作它。此外，在手柄的背面中间位置还配备了一个类似扳机的 Z Trigger，将它与 3D Stick 相结合可以在《黄金眼 007》[2]等射击游戏中获得独特的体验。

N64 的开发代号为 Project Reality，可以看出任天堂的目标是开发一款具备空前画质的游戏机产品。在开发过程中，任天堂与销售高性能图形工作站的美国 Silicon Graphics（SGI）公司进行了合作，希望借助压倒性的图形性能一举击败其他的竞争对手。

此外，N64 的另一个特殊设计在于其 CPU 指令（微码）是可以改写的，因此可以配合游戏的特性对 CPU 本身进行精细的优化，例如《塞尔达传说：时之笛》[3]和《马里奥赛车 64》[4]中就分别为 3D 多边形和四画面分割显示对 CPU 指令进行了特别优化。

然而，这种和当时的主流有些脱线的高性能架构，对于软件厂商来说门槛实在太高，具备改写微码技术的程序员更是凤毛麟角。

---

① Fukuoka Daiei Hawks，是日本职业棒球联赛的一支球队，2005 年起改名为“福冈软银鹰队（Fukuoka SoftBank Hawks）”。

② 原名 *GoldenEye 007*，开发厂商为 Rare，由任天堂发行。

③ 原名 *The Legend of Zelda: Ocarina of Time*。

④ 原名 *Mario Cart 64*。

SCE 通过以优惠价格提供开发设备的方式吸引了大量的软件厂商，而相比之下，N64 在其整个生命周期中都严重缺乏第三方厂商推出的游戏作品，这令任天堂感到头痛不已。此外，尽管（在完全掌握相关技术的前提下）N64 的性能相当之高，但给玩家看到的画面却犹如失焦一般模糊不清[①]，和同期的 PS、SS 相比完全算不上漂亮，这也令软件厂商和玩家倍感失望。

正如 FC 的 Disk System，以及 SFC 的 Satellaview 一样，N64 也推出了一款名为 64DD 的外部扩展设备。

64DD 是一种和 Disk System 十分类似的磁盘驱动器，它没有在一般渠道公开发售，玩家只要订阅一种叫作 Randnet 的包月服务就可以免费得到。

通过运用磁盘媒体，任天堂在游戏中加入了“养成”“保存”“追加”等新要素，根据玩家的玩法不同，游戏的内容也会发生不同的变化，这和现代养成类游戏的概念可谓是如出一辙。现在在任天堂 3DS 平台上人气颇高的《动物之森》[②]系列，其第一作正是在 N64 平台上推出的，尽管这款游戏是以卡带形式推出，但据说在开发时原本是一款面向 64DD 的游戏作品。

① 造成这种问题的主要原因是 N64 缺少显存，只能使用低分辨率的材质贴图再用双线过滤放大，造成图像模糊。

② 原名“どうぶつの森”，开发厂商为任天堂。

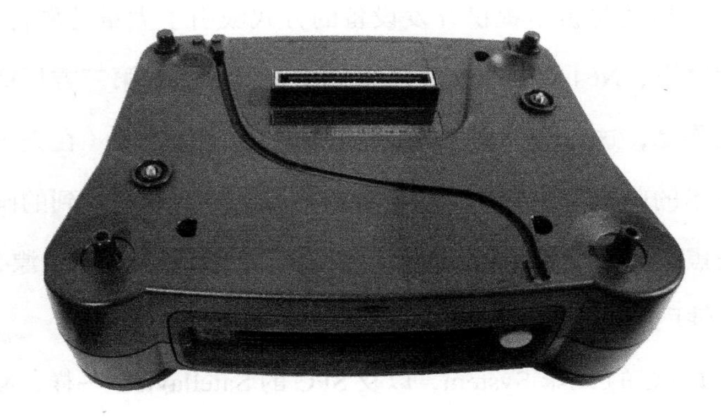

只要订阅 Randnet 服务就可以免费得到（借用）一台 64DD，然而尽管宣称会员数只限定在 10 万人，但最终连这一限定人数都没能达成，成绩十分惨淡，不到一年就停止服务了

64DD 是随 N64 一并发布的，当初被视为打败 SCE 和世嘉的王牌，然而由于游戏软件开发跟不上，N64 本身的销量也十分低迷，这也许是 64DD 最终没有公开发售的主要原因。64DD 的配套软件仅有 10 款，其中只有 4 款游戏，分别是《巨人多西 1》[①]《模拟城市 64》[②]《巨人多西 解放战线大集合》[③]和《日本职业高尔夫巡回赛 64》[④]。

是游戏机还是玩具：Virtual Boy

1994 年前后，随着 Project Reality（N64）的各种消息不断放出，关于任天堂另一款游戏机的消息也开始不胫而走。当时，以 PS 为首

① 原名“巨人のドシン 1”，开发厂商为任天堂。

② 原名“SimCity 64”，开发厂商为 Maxis Software（现已并入 Electronic Arts），由 Imagineer 发行。

③ 原名“巨人のドシン解放戦線チビッコチッコ大集合”。

④ 原名“日本プロゴルフツアー 64”，开发厂商为 Media Factory。

的各家游戏机的详细信息都已经公之于世，其中唯独任天堂的口风最紧，因此也成了各大游戏杂志以及其他厂商关注的焦点。

关于任天堂的新产品，确有一些零散的消息泄露出来，例如“任天堂大量订购了以红色 LED 为基础的显示元件”“貌似采用了 NEC 生产的 32 位 CPU”“是一款主打立体显示的产品”等等，但始终无法揭开这款产品的全貌。当时，任天堂正与美国 Silicon Graphics 联合开发一款配备 64 位 CPU 的游戏机（N64）已经是众所周知的事，大家都觉得任天堂没必要再开发另一款性能更弱的游戏机了。

1995 年 7 月 21 日，这款名为 Virtual Boy 的产品在褒贬不一的声音中问世了，甚至比 N64 还早了一步。当业界正在热议 3D 多边形技术时，这款游戏机却实现了真正意义上的“立体”显示。它带给玩家的体验十分独特，是在黑色的背景上浮现出立体的红色图像，而主机本身的红黑配色和充满棱角的造型也暗喻了这一特征。面对这样一款谁都没见过的奇葩产品，老实说，连当时的游戏传媒都不知道该如何来描述和评价它。

这款产品的缔造者正是以 Game&Watch 和 Game Boy 一举成名的横井军平，他对 N64 的性能竞争方针提出了异议，而 Virtual Boy 正是他“对旧技术进行水平思考”这一信条的产物。Virtual Boy 利用了遍地都是的红色 LED，通过不同于 3D 多边形的另一种方法论，以更低的成本来表现立体图像。然而，尽管 Virtual Boy 能够为玩家带来其他任何游戏机都无法营造的体验，但它的最终全球销量却只有区区 77 万台。

Virtual Boy 的失败也许正是在于它的“高贵冷艳”。无论是好是坏，市场上对于“游戏机”已经形成了一种固有概念，但谁都无法向其他人描述 Virtual Boy 所带来的到底是怎样一种体验。无论是电视还是杂志广告，都无法真正传达 Virtual Boy 的魅力，只有玩家亲自尝试之后才能明白。

而且，由于玩家需要凑上去窥视位于内部的画面，因此除了玩家本人以外，其他人根本看不见画面的内容，这就等于断送了游戏的一个重要元素——“分享快乐”，这也成为了这款产品的一个重大缺陷。

这款产品不是直接戴在头上，而是安装在专用支架上，玩家需要凑上去窥视其中的画面。右图为首发游戏之一 *Red Alarm*（T&E Soft）

后来，任天堂的宫本茂曾在某次发言中提出 Virtual Boy 的本质是“玩具”而不是“游戏机”。宫本茂认为，既然任天堂将 Virtual Boy 纳入其第三方授权业务之中，那么就不能怪别人将它当成“游戏机”来对待，但如果在当初推出时更加强调其作为“玩具”的那种“随便玩玩”的性质，说不定就会得到不一样的评价。对于这样的观点，笔者也表示赞同。

说到底，游戏本来就是用来玩的，缔造 FC 的任天堂自己也正是一家玩具公司，但任天堂在推出 Virtual Boy 时却忘记了原本的“玩心”，不得不说是一个悲哀，而这一现实对于任天堂这样一家经营“娱乐”的公司来说，也许并不是一个简单小问题。

3DO REAL：不靠授权费盈利的新战略

3DO 并不是某一款游戏机的名字，而是一种多媒体终端的标准，它的后台 3DO 公司是由北美最大的游戏公司 Electronic Arts 的创始人特里普·霍金斯[①]为研发家用游戏机而设立的。3DO 公司的商业模式经过了多次调整，最终选择了自己不生产硬件，而是向其他公司提供授权的模式。简而言之，3DO 就像 CD、DVD、VHS 一样，自身只是一种标准，而其他公司可以生产和销售各种 3DO 标准的硬件，硬件和相关软件在销售时则需要向 3DO 公司缴纳一定的授权费。在日本企业之中，松下电器产业（现：松下）和三洋电机（现：松下）两家公司分别推出了两款产品，即 3DO REAL（54800 日元）和 3DO TRY（54800 日元）。

① Trip Hawkins，1953—。

3DO REAL 并不是玩具，而是作为 AV 家电产品来设计的，它的尺寸和录像带播放机一样，都可以放进电视机下方的 AV 设备机柜中

所谓多媒体终端，指的是“能够连接电视机进行玩游戏、看电影和视频、听音乐等各种活动的设备”，上世纪 90 年代前半，无论电脑还是家电都纷纷热捧“多媒体”这一概念。很遗憾，松下和三洋没能赶上这一波潮流，这时 3DO 的多媒体方案正好出炉，让这两家公司感到眼前一亮。

然而，和其他游戏机厂商不同，松下和三洋只不过是获得 3DO 公司授权的兼容机厂商而已（硬件和软件销售所产生的所有授权费归 3DO 所有），因此像“游戏机亏本卖，然后靠游戏软件和授权费来赚钱”这样的“反哺式”商业模式对于松下和三洋来说是不可能实现的。换句话说，正是由于必须依靠硬件收入来维持利润，因此游戏机本身的价格就不可能很便宜。

而且，松下和三洋还用“价格昂贵是因为它不是游戏机而是多媒体设备”这样的理由来试图为高昂的定价找个说辞，结果则是搬起石头砸自己的脚——一方面，游戏杂志认为，既然你这个产品不是游戏机，那我们也没必要花大力气来报道了；另一方面，现有游戏玩家也无法理解“多媒体”这样一个空虚的概念，到头来还是觉得它们“只是贵一些的游戏机”。话说回来，“多媒体终端”所标榜的播放视频和音乐等功能，无论是PS还是其他一些游戏机上都完全能够实现，就连松下自己自始至终也没能正面回答消费者的这个疑问：“除了贵，到底还有哪里不一样？”

PC-FX能不能算是PCE真正的接班人？

PC-FX是NEC Home Electronics于1994年12月23日推出的一款家用游戏机。和其他同期的游戏机不同，PC-FX不具备任何3D表现能力，是一款纯粹为2D和视频播放打造的游戏机，且与上一代PCE不兼容。

PC-FX是第一款采用立式摆放设计的家用游戏机，看上去更像是一台台式电脑，但尺寸比台式电脑要小一圈。PC-FX获得了1994年的通商产业省优秀设计奖。

依靠其出色的视频播放能力，PC-FX通过大量运用赛璐璐动画的游戏阵容，成功地吸引了一批“喜爱动画的游戏玩家”。然而这一战略所针对的终究是一个小众市场，而且NEC对于来势汹汹的3D多边形潮流准备不足，出现了致命的市场营销失误，使得这款产品在与同期对手的竞争中从未占据过优势，不得不于1997年早早退出市场，配套游戏软件仅推出了66款。与此同时，NEC也宣布撤出家用游戏机市场。

NEC 主张“无论 2D 还是 3D，最终显示出来的画面都是平面的”，并以此来否定其他更加偏重 3D 多边形技术的竞争对手，进而突出自家产品较高的视频播放性能。不过，PC-FX 的视频播放性能本质上和 PS 也没有太大差别，而且其看上去比较美丽的画面也是拜 NEC 的视频编码技术所赐。当其他公司纷纷开发出自己的编码技术之后，PC-FX 唯一能够标榜的视频播放优势也随之破灭。

尽管在详细规格上略有差异，但 PC-FX 的本质就是一台“配备了 32 位 CPU 并增加了视频播放功能的 PCE（准确来说应该是 PC Engine Super Graphics）”，与其说是新一代机型，还不如说只是 PCE 的一个新型号而已。PC-FX 上推出的所有游戏，如果把视频部分去掉的话，其余的部分完全就是 PCE 的水平（换句话说，其图形和声音性能与 PCE 完全一致），而真正能够发挥 PC-FX 硬件性能的游戏其实一款都没有。如此坑爹的性能，还与 PCE 不兼容，而且卖到了 49800 日元的高价，会买这样一款产品的也就只有少数狂热的粉丝而已了。以下纯属笔者的个人推测，可能当初 NEC 就是想开发一款强化视频播放性能的 PCE 新型号，但随着其他公司相继推出了新一代产品，NEC 只好临时改变规格将其包装成一款新的游戏机推向市场。

多平台战略：让游戏穿越硬件平台的壁垒

在家用游戏机的争夺中，打造有力的游戏软件阵容是致胜的关键，这一点大家都心知肚明。然而从此时起，“多平台”战略的兴起

尽管和 3DO REAL 的风格不同，但 PC-FX 的外形也很特别。为了提高将来的扩展性，PC-FX 也和 PCE 一样配备了很多接口，但价格也因此水涨船高

开始悄然改变游戏规则。

所谓多平台战略，就是针对不同的游戏机平台，同时开发并推出同一款游戏，这一战略在像 PS 和 SS 这样性能相近的同期机型上更加常见。在本章介绍的第三次游戏机战争中，PS 和 SS 上就推出了很多相同的游戏作品，但开发理念大相径庭的 PC-FX 和 N64 上就罕有这样的现象。

多平台战略的代表作品《实况足球》[1] 系列，该系列每年都会在各种游戏机平台上推出新作。

在多平台战略的形成中，游戏软件开发环境的变革产生了很大的影响。在以前的游戏机上，必须使用直接控制设备的专用语言来编写程序，而从这一代游戏机开始，大部分平台上都采用一种叫作“C 语言”的计算机语言来进行开发，C 语言成为了实质上的通用语言，这是多平台战略得以产生的一个重要原因。C 语言在计算机领域中的应用也非常广泛，它的特点是同样的程序在大部分设备上都

① 原名 *Winning Eleven*，开发厂商为科乐美。

能够正常工作。诚然，游戏机之间存在性能和规格的差异，并非完全相同，但只要程序在一定程度上能够相互通用，那么多平台同时开发的门槛就会大大降低。

多平台战略在日本国外的软件厂商中也颇为流行，很多公司都开始同时面向包括 Windows 在内的三种平台推出游戏。这种趋势在后来继续发展壮大，以至于一些无法融入多平台战略的特立独行的游戏机反而会在竞争中陷入不利。

第三次游戏机战争：PlayStation vs Sega Saturn vs NINTENDO64

1994 年是日本家用游戏机历史上最值得关注的一年，这一点恐怕没有人会不认同。这一年中，从 3 月 3DO REAL 发售开始，11 月 SS 发售，12 月 PS 和 PC-FX 发售，除了发售最迟的 N64 之外，其余四大厂商均推出了自己的产品，新一代游戏机的争夺战迅速打响。

在之前的 SFC 时代，任天堂一家独大的格局就已逐渐松动，游戏机业界的版图正在不断改写。而就在此时，昔日王者任天堂的新一代游戏机遭遇难产，老虎不在家，猴子称大王，各厂商都想抓住这一夺取市场霸权的绝好机会，于是纷纷亮出自己独具特色的产品，展开了一场规模空前的销售大战。

打响新一代游戏机战争第一炮的，正是松下的 3DO REAL。当时，录像带播放机、电视机、立体声音响等 AV 家电已经在家庭中得到普及，松下认为多媒体终端才是连接电视机的下一代 AV 家电之王。当时的市场上已经出现了 Pippin atmark（万代）、CD-i（飞利浦）等多媒体终端产品，正发愁如何才能挖掘出这一全新家电产品需求的松下正好发现了 3DO，尽管是其他公司标准授权的产品，但对于松下来说也成了一根来之不易的救命稻草。然而，松下却犯下了一个重大的战略失误。

这个失误就是“消费者对多媒体终端这种定位不清的产品根本就没有需求”。“能连接电视机看视频、听音乐，还能玩游戏”正是当时对于多媒体产品的定义，然而这样一种“万能的设备”却很难找到一个清晰的使用场景。

“能玩游戏”“能学习”“能进行文字处理”，如果一款产品要完全满足这些需求，则价格一定也相当昂贵。反过来说，如果要在消费者能接受的价格范围内打造出这样一款产品，则其中每个功能必然都只能是半瓶醋。当初 FC 之所以能够击败众多的学习机，就是因为它针对“游戏机”这一特定需求进行了优化。也正是因为想要打造成一款无所不能的万能设备，3DO 不仅比其他游戏机更贵，而且其游戏性能反倒远远不如其他对手，结果成了一款“四不像”的失败产品。

后来，松下从 3DO 公司收购了 3DO 的所有相关权利，彻底抛弃了“多媒体终端”这一概念，试图重新以“游戏机”的定位来挽回颓势。尽管松下和卡普空签署了人气格斗游戏《超级街霸 IIX》的 3DO 平台独家销售合约，但这一普及战略没能吸引到更多的后续作品，使得 PS 和 SS 很快便后来居上，无论是主机销量还是游戏作品数量都迅速超越了 3DO。

SS 的首发游戏包括《VR 战士》、*WanChai Connection*（世

嘉）、*MYST*（SUNSOFT）、*TAMA*（时代华纳）和《麻将悟空 天竺》（Electronic Arts Victor）共五款。为了吸引其他软件厂商为 SS 开发游戏，世嘉从早期就开始为软件厂商提供开发相关的信息，从而成功实现了不逊于同期 PS 的游戏软件阵容。在同期游戏机中，SS 是最快完成主机 100 万台销量目标的，在软件方面，《VR 战士 2》也创造了 150 万套的超人气销量纪录，世嘉此时可谓是风生水起。

此外，从 1992 年由《街霸 II》（卡普空）所引发的对战格斗游戏热潮，到了 SS 上市的 1994 年依然热度不减，当时的街机厅中也配备了大量的双人对战专用机器。由于 SS 本来就是为最强的 2D 表现力而设计的，因此在这些街机对战格斗游戏的移植上占据了优势，而对于 CD-ROM 读盘时间长的缺陷，也通过后来推出的周边设备"扩展内存卡带"得到了缓解。实际上，SS 加上扩展内存卡带可以说是当时对战格斗游戏玩家的必需品。

另一方面，比 SS 晚 11 天发售的 PS 则推出了 9 款首发游戏，分别是《山脊赛车》（南梦宫）、《A 列车 4》（ARTDINK）、《麻将 Station 麻神》（SUNSOFT）、《热血亲子》（Tecno Soft）、*TAMA*（时代华纳）、《麻将悟空 天竺》（Electronic Arts Victor）、《神话之旅》[①]（科乐美）和 *Crime Crackers*（SCE）。和世嘉一样，SCE 也积极邀请各路软件厂商加入自己的阵营，而且还以非常便宜的价格为软件厂商提供开发器材，因而在初期就成功地组织起了品种丰富的游戏阵容。

PC-FX 的首发游戏有 *Team Innocent*、*Battle Heat*（Hudson）和

---

① 原名"極上パロディウスだ!"，是科乐美经典射击游戏《沙罗曼蛇》的派生作品，因此很多玩家将其称为《Q 版沙罗曼蛇》。

《毕业 II》（NEC Home Electronics）三款。相比同期发售的 SS 和 PS 来说，这些游戏不仅价格贵，而且都是偏重动画的小众类型，受这些因素影响，PC-FX 的上市显得冷冷清清，没能引发什么话题。

在 N64 难产期间，任天堂的市场份额被迅速蚕食，为了赢得与其他对手竞争的时间，任天堂采取了让上一代机型 SFC 延长寿命的策略，具体有以下这些：

《超级马里奥 RPG》的电视广告，以及游戏中附送的优惠券

① 在游戏中附送 SFC 购机抵扣 4000 日元的优惠券。

② 降低主机价格、游戏软件价格以及向第三方厂商收取的授权费。

③ 在罗森便利店提供低价游戏擦写销售服务 Nintendo Power。

然而，无论任天堂如何挣扎，最关键的 N64 依然迟迟无法推出，导致任天堂阵营中的第三方厂商们开始陆续撤离。1996 年 2 月史克威尔宣布将在 PS 平台上推出《最终幻想 VII》，随后艾尼克斯也宣布将在 PS 平台上推出《勇者斗恶龙 VII》，这意味着任天堂已经失去了

FC 和 SFC 时代的两大支柱作品，N64 在此时就已经注定了其失败的结局。史克威尔之所以会倒戈加入 PS 阵营，一方面是因为 N64 的难产，而另一方面则是看中了 CD-ROM 的大容量和 PS 的视频播放能力，这也意味着 N64 的设计理念没能得到软件厂商们的认同。

当时，史克威尔选择了《周刊少年 JUMP》作为其加入 PS 阵营的首发报道媒体，据说直到杂志终审即将付印的前一刻，史克威尔依然在暗地里与任天堂和世嘉进行谈判。最终，SCE 开出的超低授权费条件让史克威尔下定了决心，有说法称 SCE 和史克威尔约定的授权费价格只有其他厂商的一半还不到。

史克威尔的闪电倒戈，再加上相关各方就此事对任天堂所进行的各种批判，令时任任天堂总裁的山内溥大为震怒，在山内溥在任期间，任天堂的游戏机上再也没有出现过史克威尔的游戏。

N64 最终于 1996 年 6 月发售，比其他对手晚了很多，首发游戏只有《超级马里奥 64》《飞行俱乐部 64》（任天堂）[①] 和《最强羽生将棋》（Seta[②]）三款。而且，在发售之后的三个月内，连任天堂自己都没能继续推出新的游戏，包括上面提到的三款游戏在内，1996 年内只总共只推出了 10 款游戏，可见游戏软件的供给相当捉襟见肘。尽管在这 10 款游戏中有像《超级马里奥 64》这样能够充分发挥 N64 特性的大作，但也有像将棋、麻将之类难以促进主机销售的作品。

针对游戏软件缺乏的状况，任天堂给出的说法是“马里奥俱乐部（任天堂内部的游戏评价组织）评分不足 80 分的游戏不能发售”，

① 原名 *Pilot Wings 64*。

② 该公司已于 2009 年破产。

试图营造一种"宁缺毋滥"的阵势。然而对于软件厂商来说，在N64平台上进行开发难度本来就很高，这时任天堂还不给软件厂商点好处，反过来还要施加种种限制，对于这样的态度实在是无法苟同。此外，家用游戏机上十分流行的RPG类游戏的显著缺乏，以及未能推出一款能够与PS上的《铁拳》和SS上的《VR战士》相抗衡的对战格斗游戏，也是N64陷入劣势的重要原因。

尽管后期推出了《任天堂明星大乱斗》[①]等人气作品，但终究无法挽回颓势，N64的日本国内最终销量为554万台，不仅完全落后于PS，甚至输给了被任天堂压制多年的世嘉，堪称惨败。

不过，上述局面仅限于日本国内市场，在体育游戏和动作游戏更加流行的北美市场中，N64取得了和SFC相当的销量成绩。N64无论是开发的背景还是设计都是由北美来主导的，从这一点上来看，它更像是一款定位偏向北美市场的产品。

尽管在前期的争夺中，世嘉和SCE的实力相当，僵持不下，但在下面三个因素的影响下，胜利的天平开始逐渐向SCE倾斜。

① 品牌战略

SCE并没有高调宣传"索尼电脑娱乐"这个公司名称，而是致力于宣传和培养"PlayStation"这一品牌，无论是在电视节目的赞助商名单中还是广告中，都是打着PlayStation的旗号，从未出现SCE的公司名称。SCE还在电视广告中进行了创新，将通常放在广告结尾的有声Logo移到了开头，即先播放有声Logo，然后再播放广告

① 原名"ニンテンドウオールスター！大乱闘スマッシュブラザーズ"，英文名*Super Smash Bros.*，开发厂商为任天堂。

内容，这样更容易让观众留下印象。此外，SCE 还推出了如“冲刺 100 万台！”等独特的宣传标语，将所有的目光都集中到 PlayStation 这一品牌上，提高品牌的认知度。

后来，这些广告手法被其他游戏机厂商和软件厂商纷纷效仿，以至于成为了现今游戏广告的事实标准。

② 低价战略

PS 所采用的主要半导体元件都是索尼自身设计和生产的，这意味着随着生产技术的革新，主机的制造成本也能够显著下降。PS 发售两年之后，售价已经从刚刚发售时的 39800 日元一路下降到 19800 日元，而且，当销量突破 1000 万台时，即便如此便宜的价格依然能够维持足够的利润水平，光卖主机也能赚钱。相对地，正如我们前面提到的，世嘉阵营的复杂设计增加了降低成本的难度，但为了与 SCE 竞争又不得不降低售价，以至于 SS 主机自始至终都是亏本销售。

③ 3D 多边形战略

SS 在设计上已经充分满足了 2D 游戏中所能设想的几乎全部需求，然而世嘉没有料到的是，游戏市场向 3D 多边形迈进的速度太快了。尽管 SS 也具备一定的 3D 绘图能力，但与天生为 3D 打造的 PS 正面交锋显然是以卵击石，这一点也是世嘉遭遇失败的一个重要原因。

在上述这些因素的影响下，再加上《最终幻想》和《勇者斗恶龙》两大系列的加盟，最终为 PS 锁定了胜局。尽管世嘉在后期启用了藤冈弘[1]扮演的“世嘉三四郎”[2]作为形象代言，对于品牌形象的提

---

① Hiroshi Fujioka，1946—，是一名日本演员、艺人。

② 英文写法为 Segata Sanshiro。

升带来了一定的效果，但依然无法挽回败局。在日本国外市场上，由于主机价格昂贵，再加上杀手级作品[①]的缺席，使得SS的销量跌倒了谷底，相对于PS总计1.25亿台的销量来说，SS只卖出了区区876万台，足足差了两个数量级。

在游戏业界中，索尼只能算是一个初出茅庐的新手，但正是这样一个新手，却以明确的市场营销战略为基础，通过制定缜密的销售和宣传计划，一举击败了任天堂和世嘉两大前辈，登上了王者的宝座。

第三次游戏机战争　各厂商出货数据

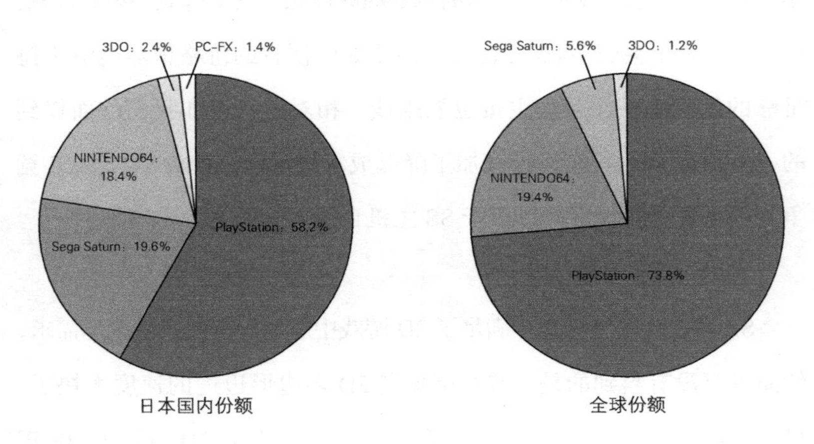

游戏机	日本国内销量	全球销量
PlayStation（索尼电脑娱乐）	1750万台	1亿2490万台
Sega Saturn（世嘉）	590万台	950万台
NINTENDO64（任天堂）	554万台	3293万台
3DO（松下电器产业、三洋电机等）	72万台	200万台
PC-FX（NEC Home Electronics）	40万台	未发售

① 此处特指《刺猬索尼克》。

第6章

世嘉最后的挑战:Dreamcast

PlayStation 2 vs Dreamcast vs GameCube vs Xbox

1999-2004

便携式游戏机市场杀出的黑马：Neo Geo Pocket 与 WonderSwan

在 Game Boy 时期，便携式游戏机市场中的竞争者无非 Game Gear、PC Engine GT 等寥寥数款，依然呈现任天堂一家独大的格局。在经历了 Game Boy Pocket（1996 年）、Game Boy Color（1998 年，以下简称 GBC）两次改款之后，GB 系列游戏机的市场份额几乎达到了 100%，长期以来都没有其他厂商敢于在这一市场中向任天堂发起挑战。

就在任天堂发布其新一代 GB 机型 Game Boy Advance（以下简称 GBA）的前后，任天堂一家独大的便携式游戏机市场正悄然发生变化。而带来这一变化的，正是万代的 WonderSwan（以下简称 WS）和 SNK 的 Neo Geo Pocket（以下简称 NGP）。

Neo Geo Pocket（SNK，1998 年 10 月 28 日，7800 日元）

NGP 是当时人气颇高，堪称对战格斗游戏之王的 SNK 所发布的一款冠以 Neo Geo 品牌的便携式游戏机，它的一大特点是十字键的手感十分轻快。原本大家以为 NGP 会是一款能够为 SNK 的看家法宝——对战格斗游戏和动作游戏所推出的游戏机，然而由于其基本性能比较贫弱，最终没能成为一款擅长对战格斗游戏的产品。

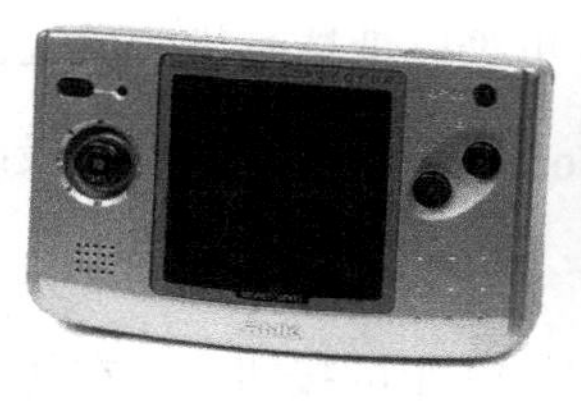
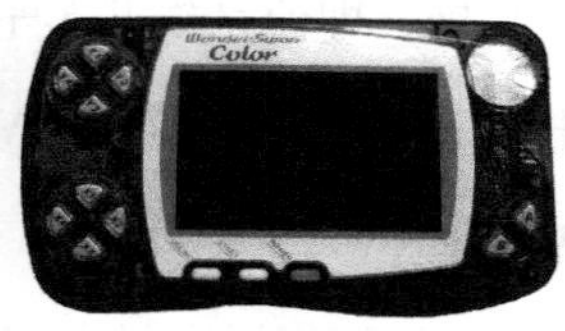

Neo Geo Pocket Color（左图）与 WonderSwan Color（右图），两者都没能撼动任天堂的王者地位

NGP 发售一周之前，正好赶上任天堂推出了 GBC，SNK 的运气实在是不好。不过，SNK 成功说服了世嘉等反任天堂势力作为第三方加盟，据说就连 SCE 也对加盟 NGP 表示了兴趣（尽管 SCE 最终并没有推出 NGP 游戏）。即便如此，依然采用黑白屏幕的 NGP 面对 GBC 等配备彩色屏幕的对手显得毫无优势，而且 SNK 还犯下了一个明显的宣传失误，即在 NGP 发售之前就发布了 NGP Color 的预告，这等于是在告诉玩家不要来买 NGP，挖了个坑给自己跳。随后，尽管 SNK 接连推出了 NGP Color 和 NEW NGP Color 等后续机型，但依然未能改善之前的颓势，这也是造成 SNK 最终倒闭的一个重要原因。

WonderSwan（万代，1999 年 3 月 4 日，4800 日元）

WS 是由 GB 和 Virtual Boy 之父横井军平离开任天堂之后所开发的一款便携式游戏机。WS 继承了横井军平对成本的严格控制，发售价格仅为 4800 日元。此外，WS 还具有仅用一节五号电池就可以续航 30 小时的“超长待机”能力，当然，为了实现这一特性 WS 采用了黑白显示屏，这种近乎偏执的设计理念的确符合横井军平的风格。

然而，和 GB 时代不同，WS 发售时，其他对手都几乎都已经采用了彩色液晶屏，即便是横井军平也难以抵挡时代的洪流，于是在后期也推出了配备彩色液晶屏的 WonderSwan Color，以及改善了屏幕残影的 WonderSwan Crystal。

WS 最大的特征当属主机上多达 13 个的按钮，这在便携式游戏机中十分罕见，另一个特征则是横着竖着都可以玩。首发游戏为 *GUNPEY*（这个名字就是游戏设计者横井军平的“军平”两个字的日文读音），这款游戏专门用来演示 WS 竖着拿的玩法。

遗憾的是，横井军平于 1997 年 10 月 4 日不幸去世①，没能亲眼看到 WS 上市，因此 WS 和 *GUNPEY* 也成为了他生前最后的作品。

Game Boy Advance（任天堂，2001 年 3 月 21 日发售，8800 日元）

GBA 是超人气游戏机 GB 的继承者，尽管 8800 日元的价格并不贵，但它具备可以直接玩 GB 游戏的兼容性，从上市起销量表现就一直很不错。实际上，尽管 GBA 和 GB 的名字看起来关联性很大，但其内部设计几乎完全不同，为了保证与 GB 的兼容性，GBA 内部特别又安装了一块 GB 的 CPU。

GBA 的性能已经超越了 SFC，因此在 GBA 平台上推出了很多 SFC 的复刻、移植作品。

---

① 当日，横井军平和朋友在高速公路上驾车遇到交通事故，在停车处理事故时被后面一辆车撞上，不治身亡。

GBA 的屏幕边缘黑色的部分采用曲线设计，这一点也和任天堂以往的风格有所不同。由于维持了与 GB 的兼容性，GBA 成功实现了 GB 玩家的过渡和迁移

GBA 的首发机型采用紫色为主的色调，原因是任天堂认为“这是当今的流行色，但之前从未用过”，据说这个颜色的灵感源自伊夫·圣洛朗[①]。此外，为了体现一种与 Game Boy“似是而非”的感觉，GBA 在外观设计上也与 GB 采用了相反的风格，例如 GB 的外形是纵向设计，而 GBA 为横向设计；GB 的外形以直线为主，GBA 则是以曲线为主。诸如此类，任天堂在 GBA 上进行了很多大胆的新尝试，这也成为了 GBA 的一大特征。

即便是现在谈论起 GBA 时，脑海中也能够立刻浮现出首发机型的紫色外形，这也从一个侧面证明了 GBA 初期的设计和配色是相当成功的。

在第三次游戏机战争中，N64 明显陷入了被动，1998 年，曾经称霸多年的任天堂，其市场结构也在不断发生变化，此时，在便携

① Yves Saint Laurent，1936—2008，是法国著名时尚设计师。

式游戏机领域，也出现了两家公司，试图用他们的新产品向任天堂的堡垒发起攻击，其中打头阵的便是 SNK 的 NGP。由于当时任天堂还没有推出 GB 的后继机型，因此 SNK 认为，只要能够笼络一批反任天堂阵营的软件厂商，就有机会打败任天堂。

不过，正如我们前面所提到的，在 NGP 上市一周之后，任天堂就推出了 GBC，这使得 NGP 立刻陷入了窘境，于是 SNK 不得不慌忙祭出了 NGP Color。当然，NGP 失败的根本原因在于，原本以对战格斗游戏的 SNK 所推出的这款游戏机却根本不适合玩格斗游戏，这使得 SNK 过去的资产完全无法派上用场。

况且，7800 日元的售价也算不上很便宜，性能也算不上高，因此相对于 GBC 来说，NGP 无法体现出任何优势，最终销量仅 85 万台，配套游戏也只有 82 款，自始至终都没能翻身。

不过 SNK 也没有坐以待毙，后期他们在 NGP 上布局了一些满足成人玩家需求的游戏，尽管这个做法谈不上是积极向上的，但我们的确可以看出 SNK 在追求和 GB 的差异化方面所做出的努力。

就在 SNK 在 NGP 的困境中挣扎的时候，又有一位斗士跳出来开始和任天堂血拼，这就是万代的 WonderSwan。WS 的卖点除了其超群的电池续航能力，还在于其首发软件 *GUNPEY*，这款游戏的规则非常简单，但玩起来却让人停不下来，堪称消磨时间的神作。*GUNPEY* 在此后一直卖得不错，不但是玩家随 WS 主机必买的一款游戏，而且后来还推出了像《趴趴熊的 GUNPEY》[①]*GUNPEY EX* 等

---

① 原名“たれぱんだのぐんぺい”。

系列作品。

史克威尔也是WS的一个重要推手。当时，由于跳槽到PlayStation阵营一事，史克威尔与任天堂的关系进入了冰河期，导致史克威尔无法在GB平台上推出游戏。趁此机会，万代将史克威尔拉进自己的阵营，在WS平台上推出了《最终幻想》《前线任务》[①]《魔界塔士 Sa・Ga》《陆行鸟不可思议迷宫》[②]几款大作。

在史克威尔等第三方厂商的推动下，凭借超越GB的高性能，WS最终卖出了350万台，配套软件198款，算是取得了一定的成功。

然而，WS的优势并没能保持多久。2001年，任天堂推出了GBA，性能远远超过了NGP和WS，使得它们的优势瞬间土崩瓦解。尽管NGP和WS曾一度被认为是最有可能改写便携式游戏机市场格局的两款产品，然而在GBA高达8151万台的销量、791款配套游戏的成绩面前，NGP和WS可谓是输得体无完肤。

游戏引擎的兴起：让游戏开发更加容易

1999年前后，游戏基本上都从2D过渡到了3D，以多边形为基础的立体画面基本上已成为业界标准。然而3D多边形的运用大大增加的开发成本，一些原本就拥有相关研发技术的厂商尚且能够应对，而对于另外一些开发资金不太充裕的中小厂商来说，视频和3D多边形等新技术增大了开发规模，同时带来了相当大的负担。在南梦宫

---

① 原名 *Front Mission*。

② 原名“チョコボの不思議なダンジョン”。

的格斗游戏《铁拳 Tag Tournament》中，据说有专门的设计师负责设计“角色手指的动作”，尽管这个例子有些极端，但大家也应该不难想象 3D 游戏的开发需要何等庞大的工作量。

在这样的背景下，游戏引擎应运而生。所谓游戏引擎，简单来说就是面向开发者的辅助软件，类似音乐、摄影等领域中的“素材库”，其中包括了像“人体基本动作”“物体重力的物理模型”“表现水和烟雾的流体力学模型”等基础程序，甚至还出现了像“麻将思考程序”这样的游戏开发组件。

在 PS 和 SS 平台上，已经有一些大型厂商将自己开发的一些工具和库（作为组件来使用的程序）提供给其他厂商使用，但随着开发规模的增大，对于能够减轻开发负担的游戏引擎也产生了越来越大的需求。现在，就有一些公司不开发游戏本身，而是专门开发和销售游戏引擎。可以说，比起游戏主机的性能，像游戏引擎这样的开发辅助机制才是吸引软件厂商的关键因素。

PlayStation 2：推动 DVD 普及的生力军

PlayStation 2（以下简称 PS2）是 SCE 于 2000 年 3 月 4 日推出的一款 PS 的后继机型，发售价格为 39800 日元。由于 PS 在商业上所取得的巨大成功，新一代机型在上市之前就备受关注，可谓是稳操胜券。PS2 的基本设计理念非常符合索尼这一 AV 设备厂商的风格，走的是“更美丽的图像”“更动听的声音”，即高画质、高音质路线，定位为 PS 的直接升级版本。PS2 的控制手柄接口和记忆卡也

PS2 在后期推出了基本造型相同，但体积大幅度缩小的超薄版本，但这一版本并没有专门的名称

和 PS 完全通用，但据说在开发阶段，索尼总公司曾希望 PS2 采用 Memory Stick[①] 作为存储媒体，但被时任 SCE 总裁的久多良木健否决了，理由是 PS 的记忆卡已经相当普及。另一方面，PS2 上配备了 USB、i.Link、PC 卡槽等和个人电脑通用的接口，可以用来连接键盘、硬盘以及数码相机等设备。

PS2 最值得一提的特性，莫过于其对 PS 游戏的向下兼容性。尽管并非所有的 PS 游戏都能直接在 PS2 上玩，但在 PS2 上玩 PS1 游戏时，可以享受到一系列增强效果，例如“高清画面”“快速读盘”等，对 PS 心存不满的玩家，在 PS2 上算是可以心满意足了。

然而，PS2 在游戏开发方面比 PS 的难度要高，尽管在 PS2 发布时已经有 150 家签约的第三方厂商，但游戏却迟迟开发不出来。PS2 游戏的供应到 2001 以后才逐步走上正轨，在此之前，SCE 继续推出 PS 平台上的游戏，依靠 PS2 的向下兼容性挽救了 PS2 平台游戏软件缺乏的局面，最终还是比较顺利了完成了产品的换代。

PS2 主机设计上的一大亮点，就是其立卧两用的外形。PS2 的外形源自“从地球向宇宙发送信息的黑箱”（巨石碑），通过安装专用支脚就可以实现水平和垂直两种摆放方式，让人感到颇有新意。PS2 是第一款采用立卧两用设计的家用游戏机，此后的 PS3 和 PS4 也继承了这一设计思路。

此外，从这一时期起，各种大众媒体也开始关注家用游戏机市场，SCE 也开设了直销网站 PlayStation.com，并开放用户注册。

① 索尼于 1998 年推出的一系列闪存存储卡产品，采用索尼自行研发的独家标准，索尼的数码相机等产品大多采用 Memory Stick 作为存储媒体。

2000 年 2 月 18 日零点，SCE 正式开放网上预约，但由于访问人数过多，服务器被瞬间秒杀导致宕机。正式发售的那一天也引来各大媒体争相报道，引发了大规模的社会现象。

PS2 的最大功绩在于它不仅采用了 DVD-ROM 作为游戏软件媒体，而且还能够播放 DVD 视频光盘。当时的 DVD 播放机售价高达 5 万～8 万日元，而 PS2 的价格则便宜得多，于是不仅爱玩游戏的人会买 PS2，很多喜欢看电影的人也争相购买 PS2 当成 DVD 播放机来用。结果，PS2 推动了 DVD 的迅速普及，并且成为了推动视频媒体从录像带向 DVD 更新换代的一大功臣。

Dreamcast：赌上公司命运换来的悲剧

Dreamcast（以下简称 DC）是世嘉于 1998 年 11 月 27 日推出的一款家用游戏机。SS 时代世嘉犯下了两个错误，一是复杂的内部设计导致在和 PS 的价格战中落败，二是软件厂商的开发难度较大。吸取了 SS 的教训，这一次世嘉打出了两张牌，即“性能高但设计简单”和“基于 Windows 平台的开发环境”，决心在这次家用游戏机战争中背水一战。然而结果却很遗憾，在日本国内的销量甚至没能超过 SS，世嘉也因此宣布撤出家用游戏机市场，从此开始转型成为一家软件厂商，为 SCE、任天堂等其他公司的游戏机平台开发游戏软件。

世嘉在 DC 上采用了彻底模仿其他竞争对手产品的策略，这里说的模仿不仅仅包括主机设计、控制手柄和按钮的形状，还包括控制手柄接口数量、流通和销售战略等各个方面，其主机售价定为29800日元，尽管没有25000日元的N64那么便宜，但比起PS来说还是便宜一些。DC的开发代号为katana①，含义非常直白，从中也能看出当时世嘉拼死一战的决心。

在游戏软件媒体方面，DC采用了世嘉和雅马哈联合开发的自主规格光盘“GD-ROM”，它与CD-ROM的直径都是12cm，但容量达到了1GB，大约是CD-ROM的1.5倍。DC采用GD-ROM的理由大致有两个，一是当时DVD还没有普及，二是通过采用自主规格来防止复制和盗版。

DC上使用了一种叫作Visual Memory的周边设备来保存游戏存档，这一设备安装在控制手柄的背面，也可以单独作为一款便携式游戏机来使用，可以通过DC安装多款不同的游戏，预装的游戏为《哥斯拉怪兽大集合》②。相应地，PS阵营也推出了一款概念相似的记忆卡型便携式游戏机Pocket Station。

① 是日语“刀”的意思，也是“赢了”的谐音。
② 原名“あつめてゴジラ～怪獣大集合～”。

汤川专务恐怕是当时日本最出名的一位公司高管了，他在广告中演出的戏剧化情节引发了热议，为提升世嘉和 DC 的知名度做出了不可磨灭的贡献

吸收了各大厂商产品中优秀元素的 Dreamcast，但它附带的控制手柄太难用了

当然，DC 也有一些其他公司产品中所没有的特性，其中最值得一提就是它是世界上第一款内置调制解调器（Modem）的游戏机，因此在 DC 上可以实现各种互联网服务以及一些创新的游戏玩法。相应地，世嘉还推出了一系列相关产品和服务，如网络浏览器 Dream Passport，以及网络接入服务 Sega Provider 和 isao.net。然而在 1998 年，包月制的上网环境还没有十分普及，一般用户还在使用拨号上网（即像打电话一样按时间收费），因此世嘉的这些服务也没有能够得到积极运用，让人感到有点生不逢时。

尽管如此，依靠 DC 的网络功能，世嘉推出了日本第一款真正意义上的网络游戏《梦幻之星 Online》，为推动网络游戏的普及做出了巨大的贡献。现在，互联网已经深入每一个人的生活，因此世嘉当时制定的网络时代路线图本身并没有错。

此外，DC 上还推出了一些针对重度玩家的周边设备，如用于连接有线网络的“宽带适配器”以及可以将图像输出到电脑屏幕的 VGA Box 等，和其他竞争对手相比，（尽管有些偏向重度玩家）世嘉更加站在用户的视角来策划产品，这一点得到了业界的好评。

在宣传战略上，世嘉聘请了近年来十分当红的 AKB48 的制作人秋元康[①]作为外部董事，全面负责 DC 的对外宣传工作。秋元康推出了一套名为“汤川专务”系列的电视广告，其中运用了很多自嘲的元素，例如一张战国[②]武士战死的照片配上“世嘉就这样倒下了吗”这样的新闻标题，以及“世嘉实在是太逊了啊”这样的广告词等。这套广告引发了社会热议，成功地实现了在发售之前炒热世嘉和 DC 的目标。

这套广告在策划时原本是想邀请时任世嘉总裁的入交昭一郎[③]来出演，但未能得到本人的同意，因此最终才找到了曾经演过“机器人投手”[④]等电视广告的汤川英一专务[⑤]。

受这套广告的影响，汤川专务本人也一举成名，不但在各路大众媒体上高调亮相，而且还发行了音乐 CD，已经成为实质上的“DC 宣传大使”。首批出货的 DC 包装盒上印有汤川专务的照片，配合广告的宣传效果，这批产品瞬间就被抢购一空，世嘉赢得了一个开门红。

DC 失败的罪魁祸首并不是世嘉自身，而是主机中采用的图形芯

① Yasushi Akimoto，1958—，是日本作词家、音乐制作人。秋元康成立 AKB48 是 2005 年的事，在 1998 年之前，他也曾担任过其他一些偶像团体的制作人。

② 这里指的是日本的战国时代，即公元 15 世纪末到 16 世纪末的这一段历史时期，并非中国古代的战国。

③ Shoichiro Irimajiri，1940—。

④ 世嘉推出的一款玩具。

⑤ Hidekazu Yukawa，1943—，日本企业家。“专务”是日本企业中特有的一个职位，直译成中文的意思是“专任执行董事”。

片（半导体元件）的供应商NEC。由于图形芯片的开发延期，世嘉迟迟无法向软件厂商交付开发器材，导致软件厂商因为没有开发环境而无法开发DC平台上的游戏。此外，这款图形芯片的良品率迟迟无法提高，影响了DC的生产能力，尽管市场需求旺盛，但世嘉就是供不上货，这不得不说是一个悲剧。

良品率低还削弱了量产效应，使得元件成本无法降低，受此影响，尽管DC比其他对手的产品早上市一两年，占得了巨大的先机，但却被后浪拍死在了沙滩上，这也只能说是世嘉的运气不好了。

Xbox：微软帝国派来的“黑船”①

Xbox是依靠Windows、Office等软件称霸个人电脑市场的美国微软（Microsoft）公司于2002年2月22日推出的一款家用游戏机，也是微软进军家用游戏机市场的首发产品，发售价格为34800日元。

微软的创始人，时任董事长的比尔·盖茨②所描绘的未来蓝图中，随着计算机在家庭中普及，将来电视机、冰箱、电话等设备中也会安装操作系统并连接网络，为了对这一蓝图进行更加深入的探索，比尔·盖茨决定成立游戏事业。家用游戏机会一直摆在电视机前面，它可能就是未来争夺家电霸权的关键点，因此比尔·盖茨将Xbox作为其开拓新领域的第一步。

① 1853年，美国东印度舰队司令马休·佩里（Matthew Perry，1794—1858）率通体涂成黑色的一支海军舰队驶入日本江户湾要求日本开放门户，这一事件在日本历史上被称为“黑船来航”。

② Bill Gates，1955—。

Xbox 主机漆黑的外观与“黑船”一词十分契合，主机上表面一个突出的“X”造型独具特色

Xbox 的基本设计就是一台个人电脑，其控制手柄采用 USB 接口（但形状有所不同），操作系统也是基于 Windows 2000 来开发的。Xbox 主机比同期的其他产品要大上一圈，充分体现了美国产品不太重视小型化的风格。此外，由于其黑色的外观以及舶来品的身份，在日本经常被称为“黑船”，各大媒体也以历史上的马休 · 佩里舰队为隐喻，不断使用“黑船袭来”一词来报道 Xbox。

Xbox 臃肿的体型无法适应日本家庭的环境，而且打着“适合日本人手掌大小”旗号推出的日本版手柄其实根本不适合日本人，再加上后面将会提到的用户支持服务的欠缺，微软始终给人一种水土不服的印象。

Xbox 的游戏阵容以国外游戏的日语移植版本为主，尽管这样做也无可厚非，但从整体来看，Xbox 上的游戏更多地面向重度电脑游戏玩家，说好听的叫“阳春白雪”，说不好听的就是“曲高和寡”，像可以多人一起玩的派对游戏以及老少通吃的休闲游戏则严重缺乏，这也可以算是 Xbox 的问题之一。从另一方面来说，Xbox 上的确也有不少独有的特色作品，其中最极端的例子莫过于机器人模拟动作游戏《铁骑》[①]，这款游戏甚至附带了一套按钮数量超多、操作极其复杂的专用控制台。

Nintendo Game Cube：任天堂的首款光盘游戏机

Nintendo Game Cube（以下简称 NGC）是任天堂于 2001 年 9 月 14 日推出的一款家用游戏机，售价为 25000 日元。NGC 的名称来源于其主机的立方体（cube）外形，不过在开发阶段其代号叫作 Dolphin（海豚），其主机和周边设备的型号规则（DOL-XXX）也是由此而来。任天堂开发 NGC 的目标是吸取 N64 失败的惨痛教训，"充分梳理当时问题点，并加以解决"。

① 采用光盘作为游戏媒体

尽管在 N64 时期任天堂不遗余力地宣传卡带的优势，但历史的车轮终究无法阻挡，CD-ROM 等光存储媒体快速普及，任天堂的主张没有能够得到玩家和软件厂商的认同。为此，任天堂为了实现比传统光存储媒体更快的读取速度，与松下电器联合开发了一种自主规格的 8cm 光盘，并将其作为 NGC 的游戏媒体。不过，任天堂却并没有为这种自主光盘命名，甚至连昵称都没有。

任天堂之所以选择自主规格，是因为 DVD 需要支付专利授权

① 英文名 *Steel Battalion*，开发厂商为卡普空。

费，会影响主机的售价，同时也是为了控制盗版。此外，采用小尺寸的光盘也可以提高读取速度，同时也更方便小孩子使用。

② 告别性能主义路线

家用游戏机的竞争中，性能竞争只是一个方面，但有些产品尽管账面上的性能指标非常诱人，但实际上却远远达不到宣称的性能。拿任天堂的产品来说，以前的 SFC 和 N64 都出现过账面指标和实际性能存在差距的问题，让游戏开发人员大呼坑爹，因此这一次任天堂采取了“不看指标，看实际性能”的方针。

结果，尽管 NGC 的主机价格只有 PS2 的差不多一半，但性能上几乎与 PS2 相当，实际上，很多 PS2 游戏都被移植到 NGC，表现毫不缩水。

NGC 主机采用了直线造型，但表面上配置了各种圆形的装饰，非常具有特色。很多人第一次见到 NGC，都会被它小巧的外形所吸引

③ 打造易于开发的游戏机

由于过于担心游戏的粗制滥造，N64 对于开发门槛的提升达到了矫枉过正的程度，使得游戏开发难度非常高，这就意味着任天堂实质上“抛弃了无法充分运用 N64 的软件厂商”。受此影响，第三方厂商数量急剧减少，和其他竞争对手相比，N64 的软件匮乏达到了十分严重的程度。

吸取了 N64 的失败教训，任天堂一改高贵冷艳的态度，打出了“让游戏开发更容易的游戏机”这一口号，同时还鼓励软件厂商的多平台（在多个不同游戏机平台上开发并发行同一款游戏）战略。

NGC 的外观设计充分体现了其产品名称中 Cube 的概念，这一极简风格的设计据说也是对 N64 进行彻底反省之后才决定的。在产品开发阶段，NGC 的设计目标是“占用面积尽量小”，但由于光盘驱动部件的存在，厚度难以做得更薄，于是任天堂便将计就计，改为将其他元件填充在光驱下方的思路，于是便自然而然地造就了其立方体般的外形。

NGC 一改游戏机的传统设计，它小巧的外形就像是一个小小的玩具箱，可以轻松融入任何房间的布局。NGC 的设计去掉了多余的元素，体现了极简、自然的理念，让人感到这才是真正优秀的工业设计，在业界也得到了好评。

任天堂似乎一向不重视换代产品之间的兼容性，在 FC 到 SFC 的过渡中，尽管两代产品并不兼容，但依然顺利地完成了过渡。也许是由于之前的顺风顺水，任天堂在 N64 时期也采取了一刀切的策略，放弃了之前积累的大量游戏软件和客户资产，最终自食苦果。

这一问题在手柄的设计上也有所体现，N64 舍弃了此前玩家所熟悉的 FC 和 SFC 手柄，而新手柄为很多老玩家带来了相当大的不适感。当然，N64 手柄采用 3D 摇杆以及三叉戟般的外形也自然有其合理性，但至少应该采取一些照顾老玩家的措施，例如采用统一规格的手柄接口，以及推出手柄转换插头等。

这样的问题在 NGC 上也得到了延续。NGC 是一款光盘游戏机，不能插卡带也是很正常的，但它又采用了全新设计的手柄，接口也和之前的产品完全不兼容，从玩家的方便性上来说，的确带来了一定的问题。诚然，手柄的设计一定是经过了无数次讨论才决定的，对于这一点玩家也不难理解，但很多玩家也希望任天堂不要每次都推倒重来，而是对老玩家给予一定的“关怀”，不知道这样的要求算不算奢侈。

顺便，NGC 还有一款兼容机型名叫 Q，是由参与联合开发的松下电器通过家电渠道进行销售的，配备了 NGC 所没有的 DVD 播放功能。由于通过家电渠道销售，这款机型的知名度较低，而且价格也偏高，因此基本上没有普及。

第四次游戏机战争：PlayStation 2 vs Dreamcast vs GameCube vs Xbox

在 1998 年开幕的第四次游戏机战争中，世嘉打响了第一枪。1997 年，当 PS、SS 等上一代游戏机还在打得火热的时候，世嘉就发表了替代 SS 的新一代游戏机开发计划，目的是比其他对手更早地抢占新一代游戏机的市场。然而，世嘉的这一步棋实在是有些操之过急，扰乱了当时的主力产品 SS 的市场布局，玩家也认为世嘉的做法是企图抛弃现有机型的一种“背叛行为”，一时间业界充满了对世嘉的批判。

世嘉还投入了高达 130 亿日元的广告费，这一规模在公司历史上是空前的，真的是押上全部身家的一场豪赌。广告的内容我们在前面已经介绍过了，这些广告本身在提高世嘉和 DC 市场认知度上可以说是相当成功的，可谓是万事俱备只欠东风，只要 DC 一上市就必定能够大卖。

然而，DC 图形芯片的产能问题严重影响了 DC 本身的产量，这使得一年来砸了那么多钱做的广告几乎全都打了水漂，还导致了诸如“延期一周上市”“首批出货数大幅减少”“预订活动紧急中止”等严重的问题。由于之前的广告已经把 DC 推到了风口浪尖，上述问题的影响也随之扩大，正可谓是“站得越高，摔得越惨”。首批出货的 15 万台 DC 当天就被抢购一空，可见相对于旺盛的市场需求来说，产品的供应已经出现了明显的不足。

尽管 DC 平台上拥有《VR 战士 3tb》《索尼克大冒险》《梦幻之星 Online》等高质量的游戏作品，而且 DC 本身的性能也丝毫不逊于同期的其他对手，但谁都没有想到的是，世嘉的这场豪赌最终败在了“生产”这一环节上，实在是输得有点冤。

这时，时任世嘉母公司 CSK 董事长的大川功[①]亲自就任世嘉总裁，在微软宣布进军游戏市场并发布 Xbox 时，与时任微软董事长的

① Isao Okawa，1926—2001。

比尔·盖茨进行了多次直接谈判，希望Xbox能够兼容DC的游戏，作为回报，世嘉愿为Xbox提供其游戏软件资产，大川功希望以此来保卫DC的市场，以及支持这一市场的玩家和软件厂商。

然而，大川功坚定地认为联网功能是合作的必要条件，但微软对此却并不十分重视，由于双方在设计方针上无法达成一致，这轮谈判最终宣告破裂，Xbox没能实现与DC游戏的兼容。大川功为自己没能拯救DC感到非常遗憾，在后来世嘉宣布退出游戏机市场时，他将850亿日元的个人资产捐赠给了世嘉，“这样多少可以填补一下我挖的这个大坑吧”。

两个月后，见证了世嘉家用游戏机事业终结的大川功病逝，从此以后，世嘉开始集中力量发展游戏软件开发事业。

2000年，已上市两年的DC因无法提高销量和份额陷入苦战，这时，姗姗来迟的PS2终于出手了。PS2的发售日期为2000年3月4日，在日本历法中是平成12年3月4日，形成了“1、2、3、4”这样的规律组合。实际上，PlaySation历代机型的首发日期都有这样的规律，例如PS的12月3日（1、2、3）、PS3的11月11日（1、1、1、1）以及PS4的2月22日（2、2、2）。

PS2的首发游戏包括《山脊赛车V》（南梦宫）、《A列车6》（ARTDINK）等10款，全部是第三方游戏，没有一款SCE自家开发的作品。此外，PS2上市第一年共推出了多达120款游戏，再加上大多数PS游戏都能直接运行，从这一刻起，PS2就已经奠定了胜局。

NGC发售于2001年，比PS2晚了一年。首发游戏包括《路易吉的公寓》[①]《水上摩托：蓝色风暴》[②]（任天堂）和《超级猴子球》[③]（世嘉）共三款。NGC 的发售十分低调，之前并没有多少热烈的议论，和发售前就被炒得火热的其他机型相比显得毫无存在感。

由于 NGC 的实际性能很高，再加上开发容易，在软件厂商中获得了很高的评价，受此影响，NGC 平台上推出了“生化危机”[④] 系列（卡普空）、《合金装备：孪蛇》[⑤]（科乐美）等高质量的游戏作品，而且还吸引了一大批奉行多平台战略的软件厂商。

然而，由于 NGC 的上市比 PS2 晚了太多，此时 PS2 的市场份额已然无法动摇，要在这样的局面下打赢 PS2 可以说是难于登天。此外，由于 NGC 采用的 8cm 光盘容量比 DVD 要小，因此很多原本在其他机型上推出的游戏都很难移植到 NGC 上。

结果，尽管任天堂成功实现了软件厂商数量和游戏数量超过 N64 的既定目标，但在 NGC 游戏排行榜上，前几名一直都是被《皮克敏》[⑥]《塞尔达传说：风之杖》[⑦] 等来自拥有强大开发实力的任天堂自家的游戏占据，这对于第三方软件厂商来说并不能算是一个令人满意的结果。

Xbox 发售于 2002 年，比 NGC 还晚了一年，首发游戏包括《幻魔鬼武者》（卡普空）等 12 款作品，从首发游戏的种类之丰富，也

① 原名 *Luigi's Mansion*。
② 原名 *Wave Race: Blue Storm*。
③ 原名 *Super Monkey Ball*。
④ 原名 *Biohazard*。
⑤ 原名 *Metal Gear Solid: The Twin Snakes*。
⑥ 原名 *Pikmin*。
⑦ 原名 *The Legend of Zelda: The Wind Waker*。

可以看出微软在这方面的确下了一番功夫。此外，在 Xbox 发售当天，比尔·盖茨也亲临日本积极开展了一系列宣传活动，例如在《笑一笑又何妨！》[①] 中真人上镜，以及在涩谷召开发售纪念活动等。

然而，Xbox 在日本显得有些水土不服，比如巨大的主机和控制手柄并不适合日本的国情，游戏的阵容也更加偏向日本国外的软件厂商，再加上微软对于早期产品的一些缺陷也没能提供令人满意的售后服务，这些问题导致软件厂商相继转入 PS2 阵营，结果 Xbox 在相当长的时期内都没能摆脱“面向重度玩家”的印象。

尽管第四次游戏机战争也像上一次一样充满了复杂的斗争，但最终结果并没有爆出什么冷门，以 PS2 的完胜而告终。PS2 平台上总计推出了多达 2876 款游戏，而且涵盖了动作、RPG、体育等几乎所有的类型，向业界证明了其强大的实力。

然而，尽管 PS2 的主机出货数和游戏数量都超过了 PS，但游戏的总计销量却低于 PS，从统计数据也可以看出，PS2 玩家比 PS 玩家平均购买的游戏数量更少。一股即将席卷整个游戏行业的乌云，从这一刻起就已经开始慢慢浮现了。

---

① 原名“笑っていいとも！”，是富士电视台的一档现场直播的脱口秀节目。

第四次游戏机战争　各厂商出货数据

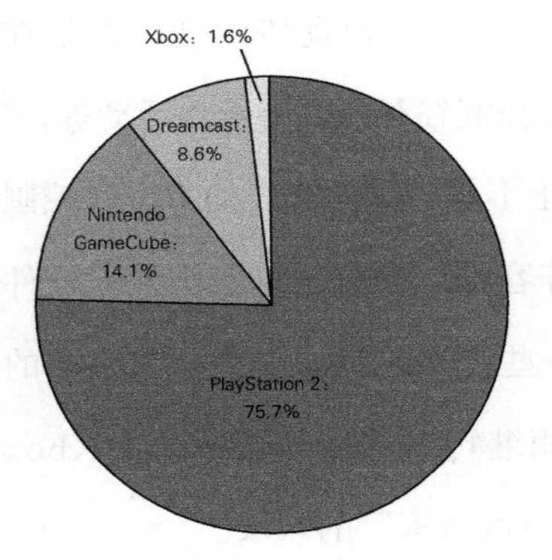

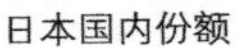
日本国内份额

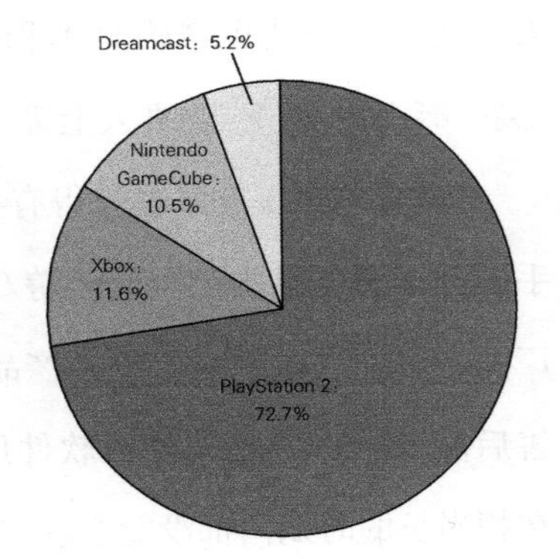

全球份额

游戏机	日本国内销量	全球销量
PlayStation 2（索尼电脑娱乐）	2160 万台	1 亿 5000 万台
Nintendo GameCube（任天堂）	402 万台	2174 万台
Dreamcast（世嘉）	245 万台	1060 万台
Xbox（微软）	47 万台	2400 万台

第7章

任天堂的挑战：扩大游戏人口

Wii vs PlayStation 3 vs Xbox 360

2005-2012

索尼冲击便携式游戏机市场：PSP vs Nintendo DS

1998年，WonderSwan的出现并没能撼动任天堂在便携式游戏机市场中的霸主地位，此后，任天堂一直保持着其不败金身，直到第五次游戏机战争爆发的前一年，情况才发生了变化。

2004年12月2日，任天堂推出了GBA的后继机型Nintendo DS（以下简称NDS），售价15000日元。

在家用游戏机市场上，走提高画质和运算速度等性能竞争路线的N64最终败给了PS，在吸取这一教训的基础上，为了打破随着技术进步造成游戏人口不断减少的局面，任天堂提出了“扩大游戏人口”的新用户群开拓战略，并开始着手研发相应的游戏机产品。NDS正是任天堂这一战略的具体化形态，这款便携式游戏机并不是单纯的GBA后继机型，而是从零开始全新设计的一款产品（不过NDS也向下兼容GBA游戏）。这款产品具有以下特点。

① 配备两块液晶屏幕，下屏为触摸屏

NDS最大的特点在于它配备了两块屏幕，无需切换就可以同时显示多种信息。NDS可以在一块屏幕上显示游戏的主画面，在另一块屏幕上显示次要信息，这样一来，无需暂停游戏就可以方便地查看各种操作指南。此外，NDS竖过来拿时很像一本书，类似翻书一样的演出效果在某些游戏中也得以体现。

由于 NDS 与 Game Boy 不属于同一产品路线，因此产品名称中没有 Game Boy 的字样，但尽管如此，市场上还是习惯将 NDS 认为是 GBA 的后继机型

此外，NDS 还配备了一块触摸屏，玩家可以直接控制画面上的对象，不需要任何提示，就可以凭直觉来操作。

② 通过麦克风进行语音识别

NDS 主机内置了麦克风，玩家可以通过说话来操作游戏。此外，还有一些利用麦克风功能的特殊玩法，比如“吹灭蜡烛”。

③ 支持网络通信

NDS 主机支持近距离无线通信，多名玩家可以凑在一起进行联机对战，不仅如此，NDS 还可以通过互联网进行远程联机对战。任天堂在游戏零售店中设置了游戏试玩区域 DS Station，这是一种类似 Wi-Fi 热点的服务，NDS 可以在这一区域中连接无线网络。

此外，任天堂还提出了一种新的通信方案，携带 NDS 的两名玩家在路上擦身而过时，即使在关机的状态下，也可以触发“擦身而过通信”功能，和陌生人产生不可思议的互动。

值得一提的是，NDS 的这些特性都没有采用最先进的技术，而都是利用一些早已普及的技术实现的。这一理念的根源，正是 Game&Watch 和 Game Boy 之父，当时已故的横井军平的座右铭“对旧技术进行水平思考”，即在现有技术的基础上找出新的利用方法，从而以低成本创造新价值。

任天堂所提出的一系列扩大游戏人口的战略被命名为 Touch! Generations，为了实现这一战略，任天堂推出了《东北大学未来科学技术联合研究中心川岛隆太教授监修 DS 脑力训练》[①]《轻松头脑教室》[②]《会说话的 DS 菜谱》[③] 等多款打破传统游戏概念的游戏软件。这些游戏都充分利用了便携式游戏机“随时随地可以玩”的特性，同时还加上了 NDS 所独有的“通过触摸屏轻松操作”的要素，在以前没玩过游戏的人群中引发了一场热潮。

结果，其他游戏厂商也纷纷推出了一大批非传统游戏，可以说任天堂扩大游戏人口的战略取得了阶段性的成功。

此时，索尼电脑娱乐（SCE）向任天堂一家独大的便携式游戏机市场发起了挑战。依靠 PlayStation 的品牌力，SCE 于 2004 年 12 月 12 日（和 NDS 几乎同时）以自由定价 [④] 形式推出了便携式游戏机 PlayStation Portable（以下简称 PSP），正式进军便携式游戏机市场。

PSP 的基本设计目标非常明确，即将与已经十分成功的家用游

---

① 原名“東北大学未来科学技術共同研究センター川島隆太教授監修 脳を鍛える大人のDSトレーニング”。

② 原名“やわらかあたま塾”。

③ 原名“しゃべる！DS お料理ナビ”。

④ 即厂商不对产品设定建议零售价，由零售商进行自由定价。

戏机 PS2 同等的性能搬到便携式游戏机的尺度上来，此外再加上音乐、视频和照片的播放功能，使之能够当成一款媒体播放设备来使用。SCE 将 PSP 称为“21 世纪的 Walkman[①]”，试图以高性能加上索尼的品牌力来撼动任天堂的霸主地位。

液晶屏幕占据了主机的大部分面积，因此很多用户用它在外面看视频。当时还没有智能手机和平板电脑，可以说 PSP 成功地扮演了这一角色

PSP 采用了新开发的 6cm 光盘 UMD（Universal Media Disc）作为游戏媒体，此外还配备了 USB 接口、Memory Stick 存储卡、无线网络等，可谓是一款集各种最新技术为一体的产品。

PSP 上市之初，由于游戏软件相对匮乏，售价也高于 NDS，此外还因为一些早期缺陷未能及时应对饱受批评，开局可谓举步维艰。然而峰回路转，由于这款主机的高性能，很多 PS2 游戏开始移植到 PSP，其中卡普空的《怪物猎人 Portable》[②]系列中每部作品的销量都

① 索尼于 1979 年推出的便携式磁带播放机，后来索尼的各种便携式音乐播放设备都被冠以 Walkman 的名字，可以说是 Walkman 奠定了索尼品牌。

② 原名 *Monster Hunter Portable*。

突破了 100 万套（截止到续篇《怪物猎人 3rd》总计销量为 480 万套），对 PSP 主机的销售做出了巨大的贡献，当时经常可以见到几个人拿着 PSP 聚在一起“打怪”的场面。

最终，NDS 全球出货量为 1 亿 5650 万台，相对地，PSP 为 6900 万台。NDS 在低龄群体中的普及率极高，这一结果也充分印证了任天堂“扩大游戏人口”战略的正确性。另一方面，PSP 的高性能也产生了副作用，其主机生产成本最终未能完全收回，因此仅凭这一销量数字并不能说 PSP 取得了成功。不过，首次进军便携式游戏机的 PSP 就取得了约 7000 万台销量的成绩，这一数字也的确值得在一定程度上给予肯定。

后来，任天堂和 SCE 又分别推出了各自的后继机型 Nintendo 3DS 和 PlayStation Vita，两家公司在便携式游戏机市场上的争夺至今仍在继续。

网络时代：系统更新与游戏下载销售

2001 年前后，ADSL 和光纤等宽带网络的迅速普及，对家用游戏机市场也产生了巨大的影响。只要缴纳一定的包月费用，就可以不限时间地使用高速网络，这使得以前无法实现的各种互联网服务成为可能。

家用游戏机历史上第一款利用网络设备提供下载服务的当属 MD 的周边设备 MEGA Modem。不过，由于当时还处在电话拨号上网时代，需要按在线时长收费，而且通信速度又很慢，因此实用性并不高。而且，当时的会员服务只能下载一些非常小的游戏，尽管其他一些家用游戏机也对在线服务进行了各种各样的尝试，但和现在能够实现系统更新、在线联机游戏、游戏下载销售甚至在线付款的程度相比，简直是天壤之别。

家用游戏机在主机上内置互联网功能，并真正意义上实现在线服务，其实是从本章将要介绍的Wii、PlayStation 3和Xbox 360开始的。这些机型都具备系统更新功能，可以在产品上市后提供扩充新功能、修复缺陷等支持服务，玩家之间还可以通过网络远程联机对战、参与比分排行，甚至游戏本身以及附加数据包也可以通过网络下载的方式来进行销售。此外，在最新的Wii U和PlayStation 4等机型上，还引入了当今十分流行的社交网络元素，游戏则成为了玩家之间相互交流的一种工具。

另一方面，这些家用游戏机几乎都是以连接互联网为前提进行设计的，因此在没有互联网的环境下可能无法正常使用。此外，由于可以“事后出补丁来解决问题”，造成了很多主机和游戏在没有经过充分测试的情况下就被推向市场，换句话说，厂商认为产品在刚刚上市时不完美是很正常的事情，这种思潮造成了厂商品质管理观念的淡薄。

尽管在电脑和智能手机上，网络服务已然司空见惯，这样的潮流波及家用游戏机领域也是必然的结果，但如今玩家买来游戏机之后，必须要完成设置网络、注册账号，身份认证等一系列手续，这无形中牺牲了便利性，提高了产品的使用门槛。不知道抱有这种想法的是不是只有笔者一个人呢？

PlayStation 3：最强的家用工作站

PlayStation 3（以下简称 PS3）是索尼电脑娱乐（SCE）于 2006 年 11 月 11 日推出的一款家用游戏机，首发产品包括配备 20GB 硬盘的入门型号（49800 日元），以及配备 60GB 硬盘的高端型号（自由定价）共两款机型。PS3 的设计理念是比上一代产品 PS2 实现"更美丽的画面"和"更高品质的声音"，即走的是高画质、高音质路线，除此之外，PS3 还具有以下特点。

① 采用蓝光光盘作为游戏媒体

为了应对游戏的大容量趋势，PS3 配备了 BD（Blu-ray Disc，蓝光光盘）驱动器，以替代原来的 DVD 驱动器，同时也兼容 CD 和 DVD 的播放。由于当时索尼正在主导蓝光标准的开发，因此这一设计也是希望用 PS3 来推动蓝光的普及。此外，用 PS3 来播放 DVD 时，画质也会比传统的 DVD 播放机要好一些。

② 支持全高清和 HDMI

PS3 对发售前才刚刚开始普及的全高清标准提供了支持，不过，考虑到运行速度和画质的平衡，软件厂商推出的全高清游戏并不多。此外，尽管当时 HDMI 标准还处于起草阶段，配备这种接口的设备寥寥无几，但 PS3 还是标配了 HDMI 接口，此后随着 HDMI 标准的迅速普及，它也自然而然地成为了 PS3 的标准图像输出接口。

③ 支持各种互联网服务

PS3 配备了有线和无线网络功能，支持通过更新系统软件来增

PS3 的设计是以立式摆放为前提的，这一点从 Logo 印刷的方向上也可以看出来（左图）。后来还推出了薄型的新款 PS3 机型（右图）

加功能、修复缺陷，此外还提供了各种以持续在线为前提的网络服务。其中主要的服务包括互联网浏览器 PlayStation 商店（以下载的方式购买游戏、电影、漫画等作品）PlayStation Home（玩家交流社区）等，甚至还有一些比较特殊的服务，例如通过 Remote Play 可以在外面通过索尼的便携式游戏机 PSP 和 PS Vita 遥控家里的 PS3 来玩游戏。

从 PS 时代起一直领导开发的 SCE 总裁久多良木健，在 PS3 开发初期就明确宣布将为 PS3 开发一款新的 CPU。这款 CPU 由 SCE 和东芝联合开发，据说性能可媲美当时的超级计算机。除了之前介绍过的 HDMI 之外，PS3 还配备了无线网络、USB2.0、存储卡读卡器、家庭服务器功能、SACD（Super Audio CD）等当时各种最先进的技术，其高端型号的实际售价达到了将近 6 万日元。然而，久多良木健却说这一价格“可能还是太便宜了”，至于原因，他是这样解释的：

“这就是 PS3 的价格。至于是贵还是便宜，我希望大家不要以‘游戏机’的标准去衡量它，因为 PS3 是一款独一无二的产品。举个例子，高级餐厅里的菜多少钱，员工食堂里的菜多少钱，这样比是毫无意义的。这个例子可能有点极端，但事实上就是这么回事，问题的关键在于，这台游戏机到底能带来什么。如果它能够带来超凡的体验，那么我认为价格就不是问题。”

尽管实际推出的产品让人感到它确实是值那么多钱，或许这个定价还真挺良心的，但久多良木健这番罔顾消费者心理的发言还是引发了一波批判。玩家想要的是“PS3 游戏机”，而不是“PS3 高性能家电”。厂商对完美品质的追求无可厚非，但把一款游戏机卖那么贵，还大言不惭地说“相对于这么高的性能，这个价格反倒是太便宜了”，这样的态度是不是有点太傲慢了呢？

从结果来看，PS3 的普及度不错，作为一款游戏机可以算是成功的。然而，PS3 的高性能也提高了开发难度，导致游戏阵容的确立花费了太长的时间，而且 PS3 高昂的价格也拖慢了其在玩家当中普及的步伐，这些都是不争的事实。

Xbox 360：为核心玩家打造的游戏机

Xbox 360 是微软于 2005 年 12 月 10 日推出的一款家用游戏机，发售价格为 37900 日元。Xbox 360 这个名字表示它是 Xbox 的后继机型，同时也代表“360 度全方位娱乐体验”的含义。尽管它也叫 Xbox，但和上一代 Xbox 不具备直接兼容性，不过，之前面向日本市场推出的上一代 Xbox 的游戏中，将近一半左右都可以通过模拟器的方式在 Xbox 360 上运行。

Xbox 360 采用 DVD 作为游戏媒体，同时还宣布将支持 DVD 的后继标准 HD DVD。尽管微软后来的确推出了专用的 HD DVD 驱动器，但它并不能用来玩游戏，只能用来看 DVD 和 HD DVD 视频，因此上市不久便销声匿迹了。

不知道是不是参考了 PS 系列游戏机的设计，Xbox 360 也是立卧两用的，其外壳部分被称为 Faceplate，可以根据喜好自行更换不同的颜色

Xbox 360 支持已经开始大规模普及的全高清标准，还配备了有线和无线网络、USB 接口和硬盘，比原本就比较像电脑的 Xbox 更像一台电脑了。此外，Xbox 360 还可以直接从安装 Windows 系统的家庭服务器上播放音乐和视频文件。不过，由于 Xbox 360 采用的 DVD 比 PS3 的蓝光容量要小，而且早期型号没有配备当时还处于草案阶段的 HDMI 接口，因此软件厂商在开发游戏时大多会采用非全高清的 720p 规格。

Xbox 360 的最大特点当属让玩家用整个身体操作游戏的体感式控制器 Kinect。Kinect 是一种全新的数据输入设备，它装有摄像头和麦克风，可以识别玩家的位置、动作、表情和声音。此前，其他厂商也设计和开发过各种识别人体动作的输入设备，但它们的识别精度都太差，无法做到实用化。Kinect 的识别精度则远远超出以往的设备，支持 Kinect 的游戏超过了 40 款。

此外，微软还发布了 Windows 平台上的 Kinect 开发工具，这促使 Kinect 的应用迅速延伸到游戏之外的领域，如虚拟现实模拟器、医用传感器等。尽管 Kinect 并不是 Xbox 360 主机的标配，但由于其超凡的震撼力，以及超出玩家想象的实用性，一举成为 Xbox 360 的王牌周边设备。

Wii：站在性能竞赛的对立面

Wii 是任天堂于 2006 年 12 月 2 日推出的一款家用游戏机，发售价格为 25000 日元。它的名字来自英文 we（我们）的谐音，名字中的两个小写字母“ii”则是来自 Wii 遥控手柄独具特色的外形。任天堂的 N64 和 NGC 已经在家用游戏机市场上连续两次败给了 SCE，这一次任天堂彻底放弃了高速度、高画质的性能竞赛路线，正如其开发代号 Revolution 所体现的，任天堂要靠这款新产品在家用游戏机市场掀起一场“革命”。

① 彻底颠覆传统控制手柄的“Wii 遥控器”

最能代表 Wii 的莫过于其标配的名为“Wii 遥控器”的控制手柄。这款手柄的基本操作方法是单手持手柄指向屏幕控制光标的移动，而“Wii 遥控器”这个名字也是时任任天堂总裁的岩田聪[①]强烈

① Satoru Iwata，1959—。

推荐的，象征着它像电视遥控器一样具有“全家人都会用”“操作简单无门槛”的特性。

Wii 遥控器可以让玩家通过各种动作进行体感式操作，实现了“所见即所得”的体验，例如挥动球拍打网球、挥动指挥棒指挥乐队、挥动鱼竿钓鱼、横向握手柄打方向盘等，这些玩法将玩家从复杂的按钮操作中解放出来。

此外，Wii 遥控器下方还配备了外部扩展接口，一些仅用 Wii 遥控器难以完成的操作可以通过连接辅助控制器来完成。

② 适合家人、朋友一起玩的派对游戏阵容

Wii 的另一大特点是在游戏阵容上力求打破游戏玩得好不好的壁垒，让大家都能一起愉快地玩游戏。其中 *Wii Sports*、*Wii Music* 等游戏特别突出了 Wii 遥控器体感式操作的特点，除此之外在 Wii 平台上还推出了很多在其他游戏机上所没有的独具个性的游戏。

③ 像看电视一样的主菜单画面 Wii Channel

Wii 开机之后显示的主菜单画面叫作 Wii Channel，其格局仿佛是很多电视机画面缩小之后排列起来，目的是打造一款“任何人都可以轻松使用的，每天都想打开的游戏机”，像天气频道、新闻频道、电视伴侣频道等和游戏没有直接关系的内容也可以和游戏一起显示在主菜单画面上。

传统上人们一直认为“游戏机是电视机的敌人”，任天堂通过将电视频道植入游戏机的概念成功地化解了游戏机和电视机之间的矛盾，其中一部分频道是由任天堂和电通[①]等公司共同运营的。

---

① Dentsu，日本最大的广告公司。

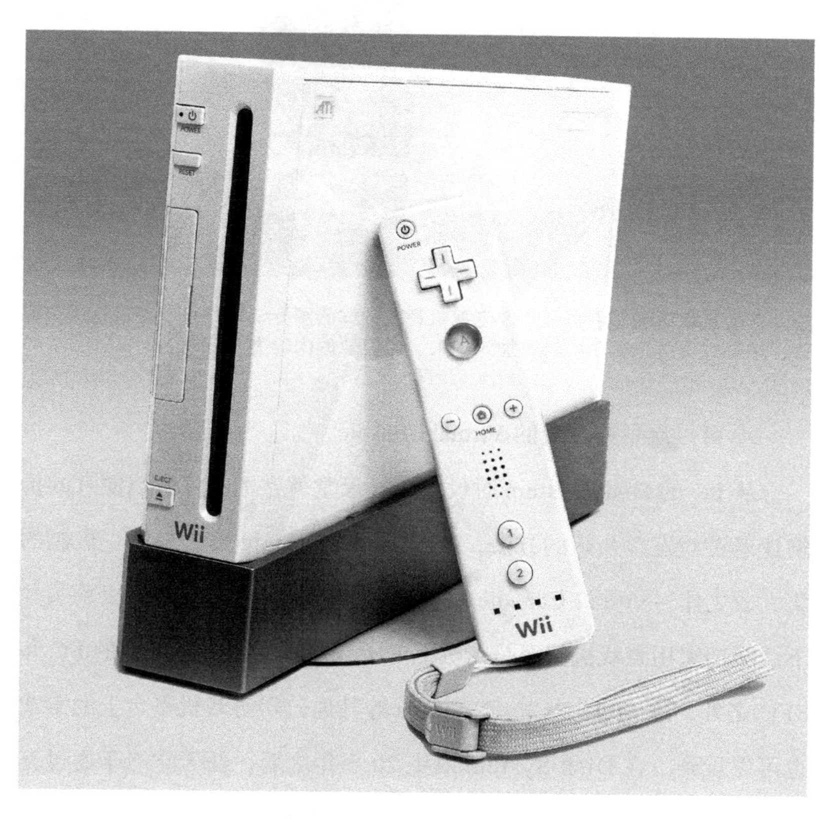

Wii 附带了带一定倾斜角度的立式摆放支架，之所以设计成倾斜的形状，是为了方便取出光盘以及提高散热效率

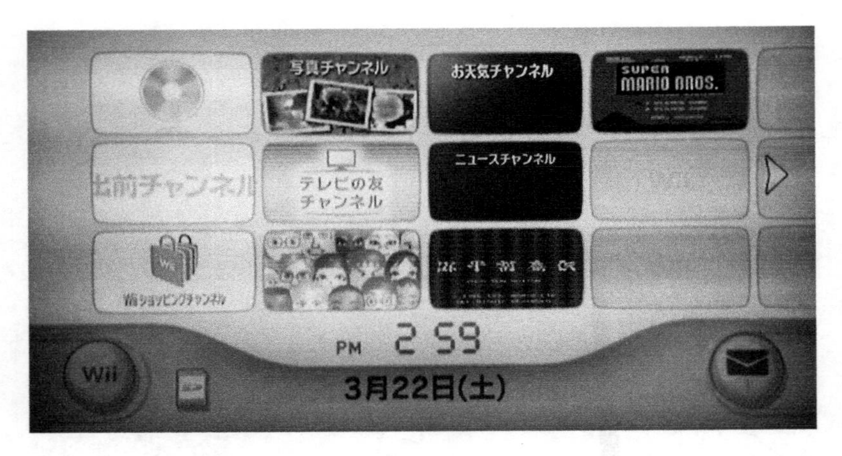

在 Wii 的主菜单画面中排列了像电视机频道一样的图标，玩家可以直观地进行操作，还可以将自己喜欢的游戏加入进来，对菜单的内容进行定制

④ 可以玩早期游戏的 Virtual Console

从 FC 的 Disk System 时代起，任天堂就在不断探索以便宜的价格让老游戏发挥余热的方法，而 Virtual Console 可谓是这一机制的集大成之作。Virtual Console 是一种下载销售服务，玩家可以购买并下载早期家用游戏机甚至是街机上的游戏。除了任天堂自家的 FC 和 SFC 之外，像 MD、PCE、NeoGeo 等其他公司游戏机平台上的游戏也可以玩到。在 Disk System 诞生 20 多年之后，任天堂终于通过互联网的普及真正实现了低价格的在线销售服务。

现在，3DS 和 Wii U 上也支持 Virtual Console，玩家可以以 500 日元的超低价格玩到过去 14 种机型上的近 950 款游戏。尽管由于和原机型存在性能差异，以及因时代不同导致表现上的一些限制，Virtual Console 无法 100% 还原当时的游戏内容，但玩家即便没有那些古老的游戏机也可以玩到当时的名作，这一点任天堂可谓是功不可没。

从上面的分析中我们可以看出，Wii 的“革命”指的并不是提高性能的“技术革命”。Wii 的性能和上一代 NGC 几乎相同，其技术上的课题在于对 NGC 的性能实现“小型化”和“节能化”的改进。结果，Wii 的待机能耗仅为 1 瓦，堪称最省电的家用游戏机。

在 Wii 的开发过程中，为了打造一款可以一直摆在电视机旁边完全不觉得占地方的游戏机，任天堂总裁岩田聪明确指示要将 Wii 设计成任天堂史上体积最小的产品，其体积应控制在“两个 DVD 包装盒”的大小。尽管实际产品体积差不多相当于“三个 DVD 包装盒”的大小，但从这一细节我们也可以看出任天堂在 Wii 的设计上贯彻了十分明确的“理念”。

第五次游戏机战争：PlayStation 3 vs Xbox 360 vs Wii

2005 年拉开帷幕的第五次游戏机战争，是从 Xbox 360 的上市正式打响的。当时业界早已风传微软将推出新一代 Xbox 游戏机，可能是因为 Xbox 系列游戏机都是基于个人电脑的架构而设计的，其主机性能相对容易推测，因此 Xbox 360 的问世也没有带来太多的悬念。Xbox 360 在日本的首发游戏包括《山脊赛车 6》（南梦宫）等 6 款，其他游戏则主要是国外厂商的移植作品，这一点和 Xbox 是差不多的。

尽管比其他对手产品的上市早了一年，但日本软件厂商并没有在 Xbox 360 上积极推出游戏作品，其中一个原因 Xbox 360 孤军奋战的局面无法吸引奉行多平台战略的软件厂商，如果单独为 Xbox 360 平台开发游戏则很难收回开发成本。实际上，直到 2006 年秋，随着 PS3 的上市和多平台开发环境的建立，Xbox 360 上的游戏阵容才得以全面铺开。2007 年 1 月，Xbox 360 上推出了同名街机游戏的移植版《偶像大师》[①]（南梦宫），这款游戏为 Xbox 360 的普及做出了巨大的贡献，而且其 Xbox Live 上的服饰等附加下载内容也卖得火热，堪称以附加道具为核心的收费系统的成功典范。在《偶像大师》的影响下，日本的 Xbox Live 入会率达到了世界第一，其下载内容的销售额突破了 3 亿日元。

PS3 比 Xbox 360 晚了一年，于 2006 年年底购物季正式上市。据美林证券[②]的估算，PS3 60GB 机型的生产成本约为 85000 日元，也就是说每卖一台就要亏损 25000 日元。而且，蓝光驱动器中使用的激光二极管产能跟不上造成了 PS3 的大规模缺货，这也导致了一些人在网上高价兜售 PS3 主机牟利。

PS3 的首发游戏包括《抵抗：灭绝人类》[③]（SCE）等 6 款，很多第三方厂商也都早早宣布将为 PS3 平台开发游戏。然而，和架构十分接近个人电脑的 Xbox 360 不同，PS3 采用了大量的自主设计，"只有专门为 PS3 平台进行开发才能充分发挥其性能"，就像是游戏机中 F1 赛车一样，因此在各厂商还没有积累足够开发经验的时期，PS3 的游戏也陷入了十分匮乏的境地。再加上 SCE 对于游戏开发者

---

① 原名 *THE IDOLM@STER*。

② Merrill Lynch，美国著名的证券公司、投资银行。

③ 原名 *Resistance: Fall of Man*。

的支持并不充分，这一点也阻碍了游戏软件供应体制的形成。

在两大对手的产品推广都不太顺利的当口，Wii 可以说是尝到了一个大大的甜头。Wii 发售于 2006 年年底购物季，和 PS3 几乎同时上市，它带来了一种和传统游戏机完全不同的玩法。首发游戏包括《Wii 第一次接触》[①]*Wii Sports* 等 16 款，数量远远超过以往的家用游戏机。任天堂在电视广告中不仅展示 Wii 的游戏画面，而且还积极展示"玩家玩游戏时的样子"，将使用 Wii 遥控器做出挥动、投掷、打击等动作的玩法传达给观众。此外，由于主机本身和 NGC 大同小异，因此对于软件厂商来说开发也很容易，相对于开发难度较高的 PS3，以及普及度低开发风险高的 Xbox 360 来说，Wii 平台上从早期开始就拥有了大量的游戏资源。

不过从另一个角度来说，Wii 的性能实际上和上一代机型 NGC 几乎完全一样，因此当 PS3 和 Xbox 360 的游戏供应体制逐步成熟之后，基本性能的落后就成了 Wii 的瓶颈。各大软件厂商在多平台战略上都选择了 PS3 和 Xbox 360，而 Wii 则逐步被边缘化。而且，Wii 平台上销量能够突破百万的大作几乎都是任天堂自家的作品，这是因为任天堂对 Wii 的特性知根知底，而其他软件厂商都做不到这一点，因此这些厂商在 Wii 上推出的游戏也越来越少。

这一代游戏机至今依然活跃在市场上，因此以目前的形势来决定胜负恐怕还为时尚早，不过三大厂商各自也都存在一定的战略失误：Xbox 360 的游戏阵容在日本市场上显得比较单薄，PS3 由于过于追求高性能导致开发难度过高，而 Wii 则忽略了对多平台开发的

① 原名"はじめてのWii"，英文名为 *Wii Play*。

适应性。结果，尽管 Wii 在销量上成功夺回了冠军的宝座，但第五次游戏机战争的最终结果很可能是三大厂商打个平手，通过各自对问题和教训的反省，等到下一轮较量再决一雌雄。

第五次游戏机战争　各厂商出货数据

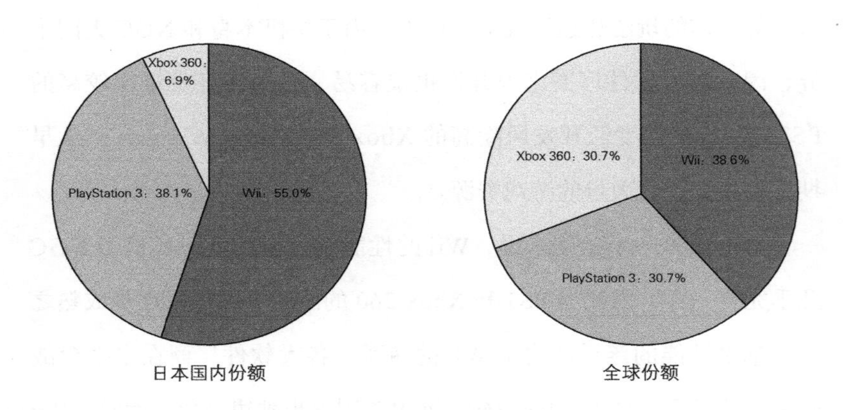

游戏机	日本国内销量	全球销量
Wii（任天堂）	1275 万台	1 亿零 90 万台
PlayStation 3（索尼电脑娱乐）	884 万台	8000 万台
Xbox 360（微软）	159 万台	8000 万台

第8章

从现在到未来

第六次游戏机战争的打响以及对未来的展望

2012-2014

第六次游戏机战争的到来

到上一章，我们已经对日本家用游戏机市场中近30年的历史进行了一番梳理。然而，历史没有终点，围绕家用游戏机的战争依然在继续，新一轮的战争已经在2012年拉开帷幕。当然，第六次游戏机战争中各家激战正酣，胜负尚未揭晓，我们来简单概括一下至今为止的总体形势。

Wii U（任天堂，2012年12月8日在日本发售，基础套装：25000日元/豪华套装：30000日元）

Wii U发售于2012年，是本章要介绍的三款游戏机中发售最早的一款。Wii U是在北美市场首发，发售日期为2012年11月18日。不过，任天堂并没有将这款产品称为“家用游戏机”[1]，而是提出了一种崭新的产品形态。

Wii U的最大特征在于其专用控制手柄Wii U GamePad。尽管在此之前也有其他厂商推出过带液晶屏的手柄，但Wii U的这款手柄“几乎就是一台平板电脑”。Wii U GamePad只是一个“控制手柄”，无法在外出时单独作为便携式游戏机使用，但在Wii U的无线通信范围内，就可以不借助电视机，直接在Wii U GamePad的屏幕上玩游戏。

① 准确来说，这里指的是“桌上型游戏机”，即和“便携式游戏机”相对的概念。

Wii U 主机以及外形酷似平板电脑和卡拉 OK 点歌遥控器的 Wii U GamePad。和 Wii 相比，Wii U 的外形设计更加圆滑

Wii U 主机的硬件设计是 Wii 的直接强化版，在性能上进行了一定的提升，支持全高清规格，而且完全兼容 Wii 上的游戏。Wii U 可通过其专用互联网服务提供各种服务，其中包括任天堂自主运营的社交网络服务 Miiverse，Wii U 的游戏全部支持这一服务，以促进玩家之间的互动。

Wii U 在上一代机型 Wii 的基础上，对任天堂“扩大游戏人口”的战略展开了新的尝试。Wii U 向玩家传达的理念是“告别争夺电视机，在家庭中和客厅里和平共处”“在学校、杂志、电视以外，提供另一种促进玩家互动的渠道”。然而，由于缺少杀手级游戏作品，配套游戏的匮乏，以及难以扭转“只是小幅改款的 Wii”这一印象，尽管 Wii U 比其他对手先行抢占了市场，但在目前的争夺中依然处于不利的地位。

PlayStation 4（索尼电脑娱乐，2014 年 2 月 22 日在日本发售，39980 日元）

PlayStation 4（以下简称 PS4）是 SCE 推出的第四代家用游戏机，它也是在北美首发，发售日期为 2013 年 11 月 15 日。PS4 尝试了一些新的思路，例如取消了 PS 系列传统的向下兼容性，以及对控制手柄的形状进行了重新设计。

上一代机型 PS3 由于过于追求极致的高性能，连半导体设计都采用自主技术和规格来完成，导致软件开发厂商在 PS3 平台上进行游戏开发的难度非常高。而且，这样的策略还导致其半导体开发成本需要相当长的时间才能摊平，因此游戏主机本身难以实现单独盈利。

和曲面元素较多的 PS3 相反，PS4 采用了由平行四边形构成的直线形外观设计，通过安装专用支架也可以立式摆放

正是因为 PS3 的痛苦教训，PS4 采用了接近个人电脑的架构[①]，增强了硬件设计的通用性，这使得凡是具有 Windows 游戏开发经验

① 准确来说，PS4 和后面将要介绍的 Xbox One 采用了几乎完全相同的 CPU。

的开发者都可以很容易上手开发 PS4 游戏，或者说 SCE 的目的就是要让开发者更容易地在 Windows、Xbox 和 PS4 上实现跨平台开发。结果，当 PS4 在日本发售时，同时首发的游戏达到了 15 款，可见 SCE 的这一策略十分奏效。

SCE 充分利用 Facebook、Twitter 等主流社交网站来建立用户社区，并在手柄上配备了一个“一键分享”专用按钮，只要按下这个按钮，基本上在任何游戏中都可以立即截图或者录制视频，然后上传到各种社交网站。

配合之前推出的 PS Vita，在外面也可以远程遥控家里的 PS4 来玩游戏。SCE 在电视和网络广告中高调宣传这一功能，可以说这是 Wii U 和 Xbox One 所不具备的“PS4 特色功能”。

Xbox One（微软，预计 2014 年 9 月在日本发售，价格未定）

Xbox One 是微软推出的第三代家用游戏机，2013 年 11 月 22 日在北美首发。微软表示 Xbox One 也将在日本发售，但截至 2014 年 3 月，官方只宣布将会在 9 月发售，具体的发售日期和价格都没有披露[①]。此外，和 Xbox 360 一样，尽管名字里都带“Xbox”，但 Xbox One 与旧机型之间不具备直接兼容性。

和 Xbox 360 一样，Xbox One 也支持通过 Kinect 来实现动作和语音识别。此外，Xbox One 还配备了升级版 Kinect，增加了很多新功能，例如可通过红外摄像头增强黑暗环境中的识别能力、测量玩家的心跳速度，最大同时识别人数增加到 6 人，还可以通过语音指令来开机。

① Xbox One 在日本的实际发售日期为 2014 年 9 月 4 日，价格为 39980 日元。

此外，微软还宣布将会和 PS4 一样支持在 Facebook 等社交网站上分享游戏截图和视频。

经过几代的进化，Xbox One 看上去更像一台个人电脑了。日本玩家对 Xbox One 的发售充满了期待

上述这些产品有一个最大的共同点，那就是它们的首发都是面向北美和欧洲市场。微软是美国企业，因此 Xbox One 在北美首发并不稀奇，但作为纯日本企业的任天堂和 SCE 这次也不约而同地表现出对欧美市场的极度重视，这样的态度可谓是意味深长。

通过之前各公司的出货数据也可以看出，从整个游戏市场来说，国外市场的规模要远远大于日本市场。而且在美国还有一个特殊的国情，那就是从 11 月起横跨圣诞节和新年的这段时间，往往集中了全年销售额的一半左右。只要能够在这段时间成功占领市场，实际上就相当于在日本国外市场上建立了优势，因此大家都不得不集中所有的产能来打好这一仗。

以前，很多游戏都采取现在日本国内发售，然后过一两年再推向国外市场这一模式，然而随着时代的发展，现在很多游戏在开发时都会考虑到国外市场的布局，并制定国内和国外近乎同步发售的时间表。现在早已不是曾经那个日本游戏称霸世界的时代，任天堂和 SCE 选择以国外市场为先的策略，也是为了拉拢一批有实力的国外软件厂商。有些国外厂商甚至表示“根本就没把日本市场放在眼里”，看来这句话现在还真不能当耳边风了。

从这些因素来看，大家都选择赶在北美圣诞季抢先推出自己的产品，也着实是迫不得已。

就目前的数据来看，各机型的全球出货量如下。Wii U：568 万台（截至 2013 年 12 月），PS4：600 万台（截至 2014 年 3 月），Xbox One：300 万台（截至 2013 年 12 月）。由于统计的时间点各不相同，再加上 Xbox One 尚未在日本发售，因此我们无法对这些数据进行简单的横向对比，但从目前来看 PS4 的形势似乎一片大好。

社交网络与传统游戏媒体之间的较量

互联网的普及对很多行业都产生了影响，而电视、杂志、报纸等传统媒体受互联网的冲击尤其显著。游戏这种商品，在实际买来玩之前难以判断它是否好玩，于是来自其他玩家的评价成了购买游戏时的重要参考标准。此外，游戏和电脑本来就有着天然的联系，一些知名游戏评论网站从很早便开始运营，很多游戏正是依靠在这些网站上的口碑才获得了成功。

出于这样的原因，开发游戏的软件厂商也不遗余力地开展网络宣传活动，其中不仅包括硬广告，还包括通过提供“玩家感兴趣的话题”促使玩家之间相互转发的方法[①]。近年来，随着 Twitter、Facebook 等社交网站的普及，以及 YouTube、Niconico 动画[②]等视频网站的兴起，这样的趋势变得愈发明显。

自主运营社交网络服务 Miiverse 的任天堂，以及通过“一键分享”按钮将游戏截图和视频上传到社交网站的 PS4，都是厂商为这一大环境的变化而做出的应对。

社交网络的普及，同时也意味着对游戏杂志的需求逐步萎缩，从“获取最新信息”这一点来看，传统游戏杂志相比互联网来说毫无优势可言。此外，任天堂总裁岩田聪还开设了亲自介绍新产品的 Nintendo Direct 以及本人访谈栏目“总裁对话”，像这样，厂商开始通过互联网主动发布信息，这意味着以往由媒体把持的特约专题报道也开始逐步丧失市场。

游戏杂志所报道的信息也都是来自厂商，因此一旦厂商开始自主发布信息，游戏杂志在信息层面上的优势便土崩瓦解。如今，我们在互联网上已经可以免费获取关于新游戏的信息，玩家根本没必要仅为了获取这些信息而花钱去买游戏杂志了。

也许，如今的游戏杂志应该将来自厂商的信息进行研究和解读，并提出自己的观点。将来，游戏杂志也许可以扮演类似影评刊物的角色，以便为玩家提供多角度的综合性信息。

---

① 这样的方法一般被称为“病毒式营销”。

② 日本著名的视频网站，开创了在播放视频的同时实时滚动显示用户评论的“弹幕”模式。

游戏软件决定家用游戏机的成败

从历代游戏机战争的历史中我们可以看出，是否拥有独具魅力的游戏软件是影响游戏机本身成败的决定性因素。

家用游戏机是一款比较昂贵的设备，在同一代产品中，如果不是重度玩家，一般不会把所有的机型全都买下来。如果要吸引玩家先买自己的产品，“是否比对手拥有更多独具魅力的游戏软件”就成了一个重要的条件。下面我们来简单总结一下如何才能在游戏软件阵容上形成优势。

① 强化自有品牌游戏软件的开发

这是自 FC 时代以来各大游戏机厂商所奉行的一条基本战略。正如“卖剃须刀也要卖刀片”、“卖打印机也要卖墨盒”一样，游戏机也需要专门的配套游戏才能产生价值，那么卖游戏机也必须要卖游戏，这就是一条最基本的原则。

配套软件的质量好坏对于游戏机的成败影响很大，因此一家“优秀的游戏机厂商”同时也必须是一家“优秀的软件厂商”，而自始至终贯彻这一基本原则的厂商，正是任天堂。不可否认，任天堂作为软件厂商的实力在业界是超一流的，30 多年来它创造了《超级马里奥》《塞尔达传说》《皮克敏》《星之卡比》《口袋妖怪》等超人气大作，且这些作品至今依然保持着旺盛的生命力，能够实现这样的成绩，在软件厂商中恐怕无人能出其右。

尽管任天堂在游戏机开发上的一流实力也是无可否认的，但任天堂的游戏机之所以能够长盛不衰，其强大的软件开发实力是不可忽视的重要因素之一。

② 拉拢有实力的软件厂商

在自有品牌游戏阵容的基础上更进一步，便产生了第三方厂商的模式。在游戏种类还不算太多的年代，仅靠自有品牌来建立游戏软件阵容还相对不难，但在游戏的定义本身已经变得多样化的现在，自己包揽动作、冒险、模拟、解谜、RPG 等诸多领域的游戏开发十分困难。FC 最终得以成功，第三方软件厂商的力量不可或缺，其中包括以《铁板阵》《德鲁亚加之塔》[①] 等街机游戏见长的南梦宫，以及以《勇者斗恶龙》将 RPG 概念引入 FC 的艾尼克斯等。

只要一款游戏机的定位不是像“RPG 专用机”“赛车专用机”这样的小众产品，那么在每种游戏类型中，应该确保至少有一家擅长这一类型的软件厂商参与开发，否则就很难在竞争中占据优势。反过来说，游戏机厂商所推出的产品也必须对软件厂商具有足够的吸引力，否则也很很难获得这些厂商的支持。

③ 通过兼容性继承过去的游戏资产

家用游戏机决不是一种廉价的消费品，因此厂商都希望避免在主机上市时玩家“没有想买的游戏”这一局面。当时 N64 陷入困境的原因，正是由于在主机发售三个月之后，玩家可选择的游戏依然只有三个月前首发的三款游戏，而且这三款游戏（《超级马里奥 64》《水上摩托 64》和《最强羽生将棋》）所覆盖的游戏种类也很不均衡。事实上，由于缺乏其他游戏，很多玩家长期以来都只能把 N64 当成

① 原名 *The Tower of Druaga*。

《超级马里奥 64》专用机来用。

要缓解发售初期游戏软件阵容薄弱的问题，向下兼容是一种十分有效的手段。PS2 和 GBA 等游戏机由于提供了向下兼容性，因此没有出现游戏匮乏的问题。对于玩家来说，自己以前买的老游戏依然可以在新主机上玩，这样一种安全感使得玩家更容易下定决心出钱为自己手上的游戏机更新换代。对于软件厂商来说，由于他们在旧机型的开发方面已经积累了很多经验，向下兼容则意味着他们不必马上切换到不熟悉的新机型上，可以通过继续为旧机型开发游戏完成平滑过渡。

不过，这种做法也有弊端，提供向下兼容性意味着“必须沿袭旧的设计理念”，而且主机的成本也可能翻倍。而且，随着新机型上游戏数量的增加，游戏匮乏的问题也会随之缓解，因此经过一段时间之后，向下兼容所带来的好处也会被稀释。

近年来，随着软件技术的发展，通过“模拟器”来运行旧机型游戏的方法正逐步流行起来。Wii、PS3 和 Xbox 360 上都提供了廉价下载旧机型游戏的服务，PS4 也预计于 2014 年内开始提供能运行 PS1 到 PS3 所有机型游戏的服务，今后这样的服务必将越来越受到重视。

④ 在多平台中追求差异化

正如我们在第 5 章中所介绍的，多平台已称为现代软件厂商的主流战略。如果只为某一款特定的家用游戏机开发游戏，就意味着将公司的命运赌在了这款游戏机的成败上，一荣俱荣，一损俱损。如今，游戏软件本身已形成一个巨大的产业，在这样的背景下，为多款游戏机同时开发游戏从风险控制的角度来说可谓是必然的选择。

从游戏机厂商的角度来说，当然是希望软件厂商只为自家的主机平台开发游戏。然而，如果一款游戏机的性能和其他竞争对手相差太多，就有可能在软件厂商的多平台战略中被边缘化，Wii 就是这样一个例子，当 PS3 和 Xbox 360 上同步推出各种游戏的时候，只有 Wii 陷入了彻底被冷落的境地。

尽管拉拢第三方软件厂商非常重要，但与此同时，软件厂商所需要的是一款容易实现多平台同时开发战略的产品，作为游戏机厂商来说，这一需求是不能忽视的。因此，游戏机的设计应该以多平台为前提，在此基础上找到只有自己才能提供的附加价值，并以此来寻求差异化的卖点。

家用游戏机的进化路线图

到此为止，我们已经对家用游戏机的历史做了一番详细的梳理，然而当我们试图展望未来时，一个疑问便浮现出来："家用游戏机到底是什么呢？"能在家里玩的就是家用游戏机吗？如果是的话，那么把游戏厅里面的街机摆到家里来它就是家用游戏机了吗？如果在电脑上玩游戏那电脑也是家用游戏机了吗？按照这个逻辑来说，智能手机也可以称为家用游戏机了。

关于家用游戏机，我们还有其他各种各样的称呼，如视频游戏机、电视游戏机、电脑游戏机、桌上型游戏机等，但却并没有一个严格而准确的定义。

大辞林第三版（三省堂）中有这样一个词条：

计算机游戏 [computer game]

在计算机上所进行的游戏的统称，例如家用游戏机上的游戏，以及个人电脑上的 PC 游戏等。

但却没有“家用游戏机”这个独立的词条。于是，尽管有些牵强，但笔者还是尝试通过分析至今为止所有游戏机的共同点，对家用游戏机做一个定义。

① 连接电视机，通过音乐和画面提供娱乐内容

② 可通过 ROM 卡带、光盘等载体来更换游戏软件

③ 用装有按钮、摇杆等部件的控制器来操作游戏

④ 具有记录和保存个人信息和游戏进度的功能

⑤ 支持真人语音、视频播放等高级的表现功能

从上面这些共同点来看，①到④在 FC 上就已经实现了（尽管④不是 FC 的标准功能，但通过游戏软件的密码以及电池存档等方式可实现游戏进度的保存），而 PCE 则进一步实现了⑤。后来推出的家用游戏机基本上都沿袭了这一路线图，可以看出 FC 的问世在日本游戏史上具有何等重大的意义。

家用游戏机进化的历史是以图像为核心，同时伴随 CPU 运算速度、容量以及音质的提升，这一路线与计算机的发展轨迹是吻合的，除了 3D 多边形等新技术的引入以外，并没有发生本质上的技术变革。我们甚至可以说，游戏的进化是“由 FC 奠定基础，由 PS 盖棺定论”的过程。

然而，在游戏史上完成技术变革的 PS，在之后的进化中却没能

突破自己画好的框框，只是不断在图像、运算速度、容量和音质上进行提升而已。

对于游戏机的这一进化方向，任天堂提出了异议，无论是Virtual Boy还是Wii，都突破了传统家用游戏机的概念，引领了游戏机发展的新方向。然而，Virtual Boy在当时的游戏机竞争中过早退场，而Wii尽管最终力压PS3拔得头筹，但从中期开始就因第三方厂商的撤离而迅速衰落。

遗憾的是，尽管厂商们都试图探索游戏机新的可能性，然而玩家和软件厂商所形成的固有观念却对此形成了阻力，就目前来看，还是沿袭传统游戏机发展路线的方式更加稳妥。笔者猜想，出现足以颠覆游戏机本身定义的巨大变革的可能性并不大，也许将来的家用游戏机依然只是一台“能够运行游戏软件的高性能终端”而已。

家用游戏机的出路在哪里

上一节中我们对未来进行了一番悲观的预测，不过作为“家用游戏机”这一概念来说，也的确不太可能发生什么颠覆性的进化了。拿生物进化的历史来做个类比，在古生代寒武纪的生物大爆发时期，地球上存在着很多异类的生物，比如长着五只眼睛和象鼻般吻部的欧巴宾海蝎。后来，地球上诞生了鱼类，随后逐步进化出两栖类和爬行类。游戏机的进化史也是一样，20世纪70年代到80年代之间，市场上出现了很多昙花一现的游戏机产品，在这种混沌的局面中，FC脱颖而出并实现了进化，从进化的方向性上来看，也许FC作为一款家用游戏机来说实在是过于完美了。

从另一个角度来说，尽管硬件本身只能沿着提升图形和运算性能的方向来发展，但软件、服务、控制器（人机接口）等元素依然有进化的空间。现在的十字键加○×△□按钮的模式远非进化的终极形态，事实上，Wii 遥控器、Wii Fit 等超乎想象的新型控制器也的确成功扮演了扩大游戏人口的角色，将来也许还会出现更多像 Xbox 360 的 Kinect 这样，能够让玩家的游戏体验变得更加轻松直观的操作方式。

在软件方面，随着互联网的演进已经诞生了很多新型服务，而利用现有的技术也完全可能发展出新的服务模式。从这个角度来看，家用游戏机本身陷入进化瓶颈并不是一个悲观的结果，也没有必要去引发典范转移[①]。笔者认为，游戏机只是服务和游戏软件的载体，因此不断提高自身性能，扮演好“幕后英雄”的角色，才是游戏机的正确发展方向。

因此，将来的游戏机战争并不是单纯的主机性能之争，而是包含了用户体验、软件厂商策略以及服务的综合性竞争。从前，游戏机厂商的使命就是开发一款优秀的游戏机产品，而将来的游戏机厂商更需要在服务方面的综合竞争力，从制造业逐步演变为服务业。

---

① Paradigm Shift，指现有的认知和社会价值观发生彻底的变革。

后记

笔者认为，家用游戏机的进化史和生物的进化史实在是颇为相似，历史上曾出现过各种各样的游戏机产品，在大浪淘沙的过程中向着理想的形态不断进化。诚然，时代的当局者们无从知晓游戏机的理想形态到底是怎样的，但随着世代的更迭，家用游戏机的确在一步一步地接近其进化的终极目标。这个终极目标，正是笔者第 8 章中所描绘的“承载服务的终端设备”，也许我们距离这个终极目标已经十分接近了。

回顾历史，在迄今为止的游戏机战争中得以称霸市场的产品，无一不符合迈向这一终极目标的发展路线。或许，一款游戏机的成败，在其诞生之前就已经“命中注定”了。

无论是任天堂还是 SCE，都曾有过痛失冠军宝座的经历，但这并不是因为他们产品设计的水平低，而是另有一番原因。

任天堂在 N64 时期为了证明 ROM 卡带的正当性，对 CD-ROM 的缺点进行了一番高调的批判，与此同时，尽管 N64 对软件厂商来说门槛很高，但任天堂却回应说“是为了防止粗制滥造故意提高了开发难度”。

SCE 在 PS3 上的一些做法也颇为相似，例如对于过高的售价提出“也许还是太便宜了”的论调，而且尽管开发难度较大，SCE 也并没有为软件厂商提供充分的支持。

上面这些做法都是源自作为卫冕者的“傲慢”，但从事服务行业最忌讳的就是“傲慢”，因为缺乏谦虚的心态而没落的服务不胜枚举，而这也反过来印证了“服务”才是游戏机的终极形态。

在梳理家用游戏机历史的过程中，我们可以明显看出任天堂对于游戏的态度是何等真诚和执着。无论是游戏机的设计思想，还是配套服务、售后支持等方面，任天堂的意识总是高人一等。在业界有很多公司都在与任天堂竞争，但又有谁能够在各个方面全面超越任天堂呢？

因为喜欢玩游戏而进入游戏行业的人很多，但能够站在玩家的视角对产品的使用场景以及对社会带来的影响进行深入思考的公司恐怕寥寥无几。

然而，实力如此强大的任天堂在 Wii U 上也陷入了困境。正如历史上的 N64 和 Virtual Boy 一样，不按常理出牌的任天堂几次挑战游戏机的“主流路线图”，但最终都以失败而告终。这一次，Wii U 所描绘的未来蓝图是否能够引领游戏机迈向其终极形态？不久的将来，当第六次游戏机战争落下帷幕之时，我们就可以揭晓答案了。

本书仅从家用游戏机“硬件”的视角来对这一段历史进行了总结，而对于与硬件密不可分的游戏软件，本书则只能浅尝辄止。未尽之言，希望今后能有机会与各位读者分享。

前田寻之

2014 年 3 月

家用游戏机历史年表

年份	硬件	软件	热点事件
1972年	7月 Odyssey（Magnavox）发售		8月 慕尼黑奥运会开幕
1975年	PONG（雅达利）、电视网球（Epoch）发售		
1976年	8月 Channel F（Fairchild）发售 Ricochet（MSC）、SUPER PONG（雅达利）、TELSTAR（Coleco）发售		2月 洛克希德事件[2] 7月 蒙特利尔奥运会开幕
1977年	10月 Video Cassettie Rock（Takatoku）发售 Atari 2600（雅达利）、TV-Game 15（任天堂）、TV-Game 6（任天堂）发售		
1978年	TV JACK Add-on 5000（万代）、TELSTAR ARCADE（Coleco）发售		8月 巨人队的王贞治选手在后乐园球场与大洋队的比赛中打出了个人第800个本垒打
1979年	TV JACK Super Vision 8000（万代）发售		7月 索尼 Walkman 发售
1980年	8月 TV Vader（Epoch）发售 Game&Watch（任天堂）发售		7月 莫斯科奥运会开幕
1981年	7月 Cassette Vision（Epoch）发售		
1982年	7月 Intellivision（万代）、Excella（PIC）发售 8月 Pyuuta（Tomy）发售 9月 Odyssey 2（飞利浦）发售 10月 CreatiVision（Cheryco）发售 11月 M5（Sord）、Game Personal Computer（Takara）、DynaVision（朝日通商）发售 Coleco Vision（Coleco）、Max Machine（Commodore Japan）发售		10月 EC“PC-9801”发售

① 作者在这里罗列的基本上都是日本国内当时的社会热点话题，因此其中有些事件中国读者并不熟悉。

② 美国洛克希德公司贿赂日本首相田中角荣采购其反潜机引发的政治丑闻。

（续）

年份	硬件	软件	热点事件
1983 年	3 月 Arcadia（万代）发售 5 月 Atari 2800（雅达利）发售 7 月 Family Computer（任天堂）、SG-1000（世嘉）、SC-3000（世嘉）、SC-3000H（世嘉）、Cassette Vision Jr.（Epoch）、光速船（万代）、Pyuuta Jr.（Tomy）发售 10 月 My Computer TV C1（夏普）、PV-1000（卡西欧）、TV Boy（学习研究社）、My Vision（日本物产）发售 11 月 Othello Multi Vision（Tsukuda Original）发售	7 月 FC 游戏《大金刚》《马里奥兄弟》发售 11 月 FC 游戏《铁板阵》发售	4 月 东京迪士尼乐园开幕 9 月 大韩航空客机坠毁，机组及乘客共 269 人全部遇难
1984 年	7 月 RX-78 GUNDAM（万代）、SG-1000II（世嘉）、Super Cassette Vision（Epoch）、Pyuuta MkII（Tomy）发售		
1985 年	10 月 SEGA MarkIII（世嘉）发售 Game Pokecom（Epoch）发售	9 月 FC 游戏《超级马里奥兄弟》发售	3 月 筑波国际科学技术博览会开幕
1986 年	2 月 Family Computer Disk System（任天堂）发售 7 月 Twin Famicom（夏普）发售 Atari 7800（雅达利）发售	2 月 Disk System 游戏《塞尔达传说》发售 5 月 FC 游戏《勇者斗恶龙》发售	1 月 美国挑战者号航天飞机爆炸
1987 年	10 月 PC Engine（NEC）、SEGA Master System（世嘉）发售 12 月 X1 twin（夏普）发售	12 月 FC 游戏《最终幻想》发售	3 月 苹果 Machintosh II、Machintosh SE 发布 3 月 夏普 X68000 发售
1988 年	10 月 PC-KD863G（NEC）、Mega Drive（世嘉）发售 12 月 CD-ROM^2（NEC）发售		9 月 首尔奥运会开幕
1989 年	2 月 Famicom Titler（夏普）发售 4 月 Game Boy（任天堂）发售 11 月 PC Engine Shuttle（NEC）、PC Engine Core Graphics（NEC）、PC Engine Super Graphics（NEC）发售 LYNX（雅达利）发售		1 月 昭和天皇驾崩，皇太子明仁亲王即位，改年号为“平成” 4 月 消费税法实行，税率为 3%

（续）

年份	硬件	软件	热点事件
1990 年	4 月 NEOGEO（SNK）发售 10 月 Game Gear（世嘉）发售 11 月 Super Famicom（任天堂）发售 12 月 PC Engine GT（NEC）、SF-1（夏普）发售		4 月 国际园艺博览会开幕
1991 年	5 月 Tera Drive（世嘉）发售 6 月 PC Engine Core Graphics II（NEC）发售 9 月 PC Engine Duo（NEC）发售 12 月 PC Engine LT（NEC）、Super CD-ROM^2（NEC）、MEGA-CD（世嘉）发售	7 月 MD 游戏《刺猬索尼克》发售	1 月 海湾战争爆发
1992 年	4 月 Wondermega（日本 Victor）发售	8 月 SFC 游戏《超级马里奥赛车》发售	7 月 巴塞罗那奥运会开幕
1993 年	3 月 PC Engine Duo-R（NEC）发售 4 月 Mega Drive 2（世嘉）、MEGA-CD 2（世嘉）发售 7 月 Wondermega 2（日本 Victor）发售 8 月 Laser Active（先锋）发售 12 月 New Famicom（任天堂）发售	12 月 街机游戏《VR 战士》发售	2 月 纽约世界贸易中心地下车库炸弹事件
1994 年	3 月 3DO REAL（松下电器产业）、Mega Jet（世嘉）发售 6 月 PC Engine Duo-RX（NEC）发售 9 月 CSD-GM1（爱华）、NEOGEO CD（SNK）、Playdia（万代）发售 10 月 3DO TRY（三洋电机）发售 11 月 Sega Saturn（世嘉）、V-Saturn（Victor）、3DO REAL 2（松下电器产业）发售 12 月 PlayStation（SCE）、PC-FX（NEC）、Super 32X（世嘉）发售	3 月 MD 游戏《VR 赛车》①发售 5 月 PCE 游戏《心跳回忆》②发售 11 月 SS 游戏《VR 战士》发售 12 月 PS 游戏《山脊赛车》发售	1 月 阪神淡路大地震 2 月 H-II 运载火箭 1 号③发射成功 6 月 松本沙林毒气事件④

① 原名 *Virtua Racing*，开发厂商为世嘉。

② 原名“ときめきメモリアル”，开发厂商为科乐美。

③ 日本 NASDA 与三菱重工研发的日本首枚完全自主技术的液态燃料运载火箭。

④ 奥姆真理教在长野县松本市制造的沙林毒气恐怖袭击事件。后来，奥姆真理教又于 1995 年 3 月制造了东京地铁沙林毒气事件。

（续）

年份	硬件	软件	热点事件
1995 年	4 月 Hi-Saturn（日立制作所）、Satellaview（任天堂）发售 7 月 Virtual Boy（任天堂）发售 12 月 Game&Car Navi Hi-Saturn（日立制作所）、NEOGEO CD-Z（SNK）发售	10 月 MD Super 32X 游戏《VR 战士》发售 12 月 SS 游戏《VR 战士 2》发售	5 月 奥姆真理教教主麻原彰晃（本名松本智津夫）被捕 8 月 微软 Windows 95 英文版发售
1996 年	3 月 Kid's Gear（世嘉玩具）、Pippin atmark（万代）发售 6 月 NINTENDO64（任天堂）发售 7 月 Game Boy Pocket（任天堂）发售	2 月 GB 游戏《口袋妖怪红/绿》发售 6 月 N64 游戏《超级马里奥 64》发售 9 月 SS 游戏《樱花大战》①发售	7 月 亚特兰大奥运会开幕 11 月 万代电子宠物"拓麻歌子"发售
1997 年		1 月 PS 游戏《最终幻想 VII》发售	4 月 消费税税率上涨为 5%
1998 年	3 月 Super Famicom Jr.（任天堂）发售 4 月 Game Boy Lite（任天堂）发售 10 月 Game Boy Color（任天堂）、Neo Geo Pocket（SNK）发售 11 月 Dreamcast（世嘉）发售	9 月 PS 游戏《合金装备》发售	2 月 长野奥运会开幕
1999 年	3 月 WonderSwan（万代）、Neo Geo Pocket Color（SNK）发售 12 月 64DD（任天堂）发售	7 月 DC 游戏《人面鱼：禁断的宠物》②发售	
2000 年	3 月 PlayStation 2（SCE）发售 7 月 PS one（SCE）发售 12 月 WonderSwan Color（万代）发售	12 月 DC 游戏《梦幻之星 Online》发售	9 月 悉尼奥运会开幕
2001 年	3 月 Game Boy Advance（任天堂）发售 9 月 Nintendo GameCube（任天堂）、Dreamcast R7（世嘉）发售 12 月 Q（松下电器产业）发售	4 月 N64 游戏《动物之森》发售 10 月 NGC 游戏《皮克敏》发售	9 月 东京迪士尼海洋开幕 美国发生多起恐怖袭击事件③ 10 月 SNK 申请民事再生手续，实质上已破产

① 原名"サクラ大戦"，开发厂商为世嘉。

② 原名"シーマン～禁断のペット～"，开发厂商为 Vivarium，由世嘉发行。

③ 其中包括著名的 911 事件。

（续）

年份	硬件	软件	热点事件
2002 年	2 月　Xbox（微软）发售 7 月　Swan Crystal（万代）发售	9 月　Xbox 游戏《铁骑》发售	
2003 年	2 月　Game Boy Advance SP（任天堂）发售 12 月　SONY PSX（索尼）发售		4 月　史克威尔艾尼克斯①成立 5 月　美国 3DO 公司宣布破产
2004 年	12 月　Nintendo DS（任天堂）、PlayStation Portable（SCE）发售	3 月　PS2 游戏《怪物猎人》发售	10 月　Sega Sammy Holdings②成立
2005 年	9 月　Game Boy Micro（任天堂）发售 12 月　Xbox 360（微软）发售	4 月　NDS 游戏《东北大学未来科学技术联合研究中心川岛隆太教授监修 DS 脑力训练》发售 12 月　PS2 游戏《如龙》③发售	3 月　日本爱知世博会开幕 4 月　Hudson 成为科乐美的子公司
2006 年	3 月　Nintendo DS Lite（任天堂）发售 11 月　PlayStation 3（SCE）发售 12 月　Wii（任天堂）发售	5 月　NDS 游戏《新超级马里奥兄弟》发售	
2007 年	10 月　Xbox 360 Elite（微软）发售		8 月　Crypton Future Media“初音未来”④发售
2008 年	11 月　Nintendo DSi（任天堂）发售		8 月　北京奥运会开幕
2009 年	11 月　Nintendo DSi LL（任天堂）、PSP go（SCE）发售	7 月　PSP 游戏《初音未来 Project DIVA》发售 8 月　Wii 游戏《怪物猎人 3》发售	
2010 年			4 月　Koei Tecmo Games⑤成立

① 由史克威尔和艾尼克斯两家游戏软件厂商合并而成的新公司。

② 小钢珠厂商 Sammy 于 2003 年收购世嘉后所成立的控股投资公司。

③ 原名“龍が如く”，开发厂商为世嘉。

④ Hatsune Miku，是由雅马哈 Vocaloid 引擎打造的一位虚拟歌姬，其声音采样来源为动画声优藤田咲。

⑤ 由光荣（Koei）和 Tecmo 两家游戏软件厂商合并而成的新公司。

（续）

年份	硬件	软件	热点事件
2011年	2月　Nintendo 3DS（任天堂）发售 12月　PlayStation Vita（SCE）、Wii U（任天堂）发售		3月　日本东北大地震
2012年		11月　NDS游戏《来吧！动物之森》[①]发售	7月　伦敦奥运会开幕
2014年	2月　PlayStation 4（SCE）发售 9月　Xbox One（微软）发售		

※本表中部分公司名称采用了缩略名：
NEC = NEC Home Electronics
世嘉 = Sega Enterprises
SCE = 索尼电脑娱乐（Sony Computer Entertainment）

① 原名“とびだせ どうぶつの森”，英文名 *Animal Crossing: New Leaf*，开发厂商为任天堂。